# BEI GRIN MACHT SICH IHR WISSEN BEZAHLT

AF671428

- Wir veröffentlichen Ihre Hausarbeit, Bachelor- und Masterarbeit

- Ihr eigenes eBook und Buch - weltweit in allen wichtigen Shops

- Verdienen Sie an jedem Verkauf

**Jetzt bei www.GRIN.com hochladen und kostenlos publizieren**

GRIN

**Bibliografische Information der Deutschen Nationalbibliothek:**

Die Deutsche Bibliothek verzeichnet diese Publikation in der Deutschen Nationalbibliografie; detaillierte bibliografische Daten sind im Internet über http://dnb.d-nb.de/ abrufbar.

Dieses Werk sowie alle darin enthaltenen einzelnen Beiträge und Abbildungen sind urheberrechtlich geschützt. Jede Verwertung, die nicht ausdrücklich vom Urheberrechtsschutz zugelassen ist, bedarf der vorherigen Zustimmung des Verlages. Das gilt insbesondere für Vervielfältigungen, Bearbeitungen, Übersetzungen, Mikroverfilmungen, Auswertungen durch Datenbanken und für die Einspeicherung und Verarbeitung in elektronische Systeme. Alle Rechte, auch die des auszugsweisen Nachdrucks, der fotomechanischen Wiedergabe (einschließlich Mikrokopie) sowie der Auswertung durch Datenbanken oder ähnliche Einrichtungen, vorbehalten.

**Impressum:**

Copyright © 2016 GRIN Verlag
Druck und Bindung: Books on Demand GmbH, Norderstedt Germany
ISBN: 9783668664982

**Dieses Buch bei GRIN:**

https://www.grin.com/document/417157

Jonas Renk

# Urbane Grüne Infrastruktur als innovatives Konzept für die Freiraum- und Landschaftsplanung in deutschen Städten

## Am Beispiel Würzburger Innenstadt

GRIN Verlag

**GRIN - Your knowledge has value**

Der GRIN Verlag publiziert seit 1998 wissenschaftliche Arbeiten von Studenten, Hochschullehrern und anderen Akademikern als eBook und gedrucktes Buch. Die Verlagswebsite www.grin.com ist die ideale Plattform zur Veröffentlichung von Hausarbeiten, Abschlussarbeiten, wissenschaftlichen Aufsätzen, Dissertationen und Fachbüchern.

**Besuchen Sie uns im Internet:**

http://www.grin.com/

http://www.facebook.com/grincom

http://www.twitter.com/grin_com

**Urbane Grüne Infrastruktur als innovatives Konzept für die Freiraum- und Landschaftsplanung in deutschen Städten - Beispiel Würzburger Innenstadt**

| | |
|---|---|
| Bearbeitung | Jonas Renk |
| Studiengang | M.Sc. Umweltplanung und Ingenieurökologie |
| Lehrstuhl | Lehrstuhl für Strategie und Management der Landschaftsentwicklung |


Freising, 12.12.2016

Titelbild:

Blick von der Festung Marienberg nach Osten auf den zentralen Bereich der Würzburger Innenstadt (eigenes Photo vom 29.10.16)

## Gliederung

## Abkürzungsverzeichnis

| | |
|---|---|
| BauGB | Baugesetzbuch |
| BayKLAS | Bayerische Klima-Anpassungsstrategie |
| BBSR | Bundesinstitut für Bau-, Stadt- und Raumforschung |
| BfN | Bundesamt für Naturschutz |
| BKGI | Bundeskonzept Grüne Infrastruktur |
| BLfD | Bayerisches Landesamt für Denkmalpflege |
| BNatSchG | Bundesnaturschutzgesetz |
| DAS | Deutsche Anpassungsstrategie an den Klimawandel |
| FNP | Flächennutzungsplan |
| GI | Grüne Infrastruktur |
| GIS | Geoinformationssystem |
| GI-Strategie | Strategie zur Förderung der Grünen Infrastruktur in Europa |
| GOP | Grünordnungsplan |
| HOAI | Honorarordnung für Architekten und Ingenieure |
| IKK | Integriertes Klimaschutzkonzept für die Stadt Würzburg |
| IPCC | Zwischenstaatlicher Ausschuss für Klimaänderungen (Weltklimarat) (Intergovernmental Panel on Climate Change) |
| ISEK | Integriertes Städtebauliches Entwicklungskonzept |
| KOM | Europäische Kommission |
| LDBV | Landesamt für Digitalisierung, Breitband und Vermessung |
| LfU | Bayerisches Landesamt für Umwelt |
| LP | kommunaler Landschaftsplan |
| MIV | motorisierter Individualverkehr |
| ÖPNV | öffentlicher Personennahverkehr |
| PNV | potenzielle natürliche Vegetation |
| StMUV | Bayerisches Staatsministerium für Umwelt und Gesundheit |
| TEEB | The Economics of Ecosystems and Biodiversity |
| TUB | Technische Universität Berlin |
| TUM | Technische Universität München |
| UG | Untersuchungsgebiet |
| UGI | Urbane Grüne Infrastruktur |
| UGI-Forschungsprojekt | Forschungs- und Entwicklungsvorhaben Grüne Infrastruktur im urbanen Raum: Grundlagen, Planung und Umsetzung in der integrierten Stadtentwicklung |

# 1 Einleitung

## 1.1 Anlass und Hintergrund der Projektarbeit

Ausgangspunkt und zentrale wissenschaftliche Grundlage der vorliegenden Projektarbeit ist das aktuell laufende Forschungs- und Entwicklungsvorhaben „Grüne Infrastruktur im urbanen Raum: Grundlagen, Planung und Umsetzung in der integrierten Stadtentwicklung“ (UGI-Forschungsprojekt). Dieses wird seit Januar 2016 gemeinsam vom Lehrstuhl für Strategie und Management der Landschaftsentwicklung der Technischen Universität München (TUM) und dem Institut für Ökologie, Fachgebiet Ökosystemforschung/ Pflanzenökologie der Technischen Universität Berlin (TUB) in Kooperation mit dem Berliner Planungsbüro bgmr Landschaftsarchitekten GmbH erarbeitet. Gefördert wird das Forschungsprojekt vom Bundesamt für Naturschutz (BfN).

Im Zusammenhang mit Grüner Infrastruktur (GI) ist auf politischer Ebene 2013 von der Europäischen Kommission (KOM) die Strategie zur Förderung der Grünen Infrastruktur in Europa (GI-Strategie) verabschiedet worden, in welcher auch klargestellt wird, dass „sich grüne Infrastruktur im terrestrischen Bereich sowohl im urbanen als auch im ländlichen Raum befinden kann“ (KOM 2013, 3) (vgl. auch Kapitel 1.2.1). Zur Umsetzung und Konkretisierung der Europäischen GI-Strategie für den deutschen Planungskontext wird derzeit das „Bundeskonzept Grüne Infrastruktur“ (BKGI) erarbeitet (Hansen et al. 2016, 7). „Das BKGI ist ein räumlich übergreifendes Gesamtkonzept, das unterschiedliche Fachkonzepte des Naturschutzes auf Bundesebene zusammenführt und diese für raumbezogene umweltpolitische und planerische Entscheidungen auf Bundesebene aufbereitet.“ (ebd.)

Im Rahmen des UGI-Forschungsprojekts wird derzeit unter anderem das Argumentationspapier „Urbane grüne Infrastruktur – Hintergrund, Argumente und gute Beispiele für Kommunen“ erstellt, welches „die Kommunen, insbesondere die für Naturschutz, Umwelt, Grünplanung bzw. -unterhaltung und Landschaftsplanung zuständigen Fachämter bei der Entwicklung und Konzeption von urbaner grüner Infrastruktur fachlich unterstützen“ soll (Hansen et al. 2016, 7).

Die Projektarbeit wird in Anlehnung an das UGI-Forschungsvorhaben erarbeitet. Sie stellt den beispielhaften Versuch einer konkreten Anwendung der im Laufe der Forschungen bereits entwickelten konzeptionellen Elemente von UGI dar.

## 1.2 Definitionen

### 1.2.1 Grüne Infrastruktur

Grüne Infrastruktur (GI) wird in der GI-Strategie der Europäischen Kommission definiert als

> „ein strategisch geplantes Netzwerk natürlicher und naturnaher Flächen mit unterschiedlichen Umweltmerkmalen, das mit Blick auf die Bereitstellung eines breiten Spektrums an Ökosystemdienstleistungen angelegt ist und bewirtschaftet wird und terrestrische und aquatische Ökosysteme sowie andere physische Elemente in Land- (einschließlich Küsten-) und Meeresgebieten umfasst, wobei sich grüne Infrastruktur im terrestrischen Bereich sowohl im urbanen als auch im ländlichen Raum befinden kann“ (KOM 2013, 3).

GI weist somit einen expliziten Bezug zum Konzept der Ökosystemleistungen auf.

### 1.2.2 Ökosystemleistungen

Als Ökosystemleistungen werden im Rahmen des deutschen Beitrags zum internationalen „The Economics of Ecosystems and Biodiversity“ (TEEB)-Prozess

> „direkte und indirekte Beiträge von Ökosystemen zum menschlichen Wohlergehen, das heißt Leistungen und Güter, die dem Menschen einen direkten oder indirekten wirtschaftlichen, materiellen, gesundheitlichen oder psychischen Nutzen bringen“ (TEEB DE 2014, 70)

bezeichnet.

Ökosystemleistungen werden unterschieden in Basis-, Versorgungs-, Regulierungs- und kulturelle Leistungen. Basisleistungen von Ökosystemen umfassen „Prozesse wie Bodenbildung, Nährstoffkreisläufe oder Photosynthese“. Sie bilden zusammen mit der biologischen Vielfalt „eine unverzichtbare Grundlage für Versorgungs-, Regulierungs- und kulturelle Leistungen“. Versorgungs-, Regulierungs- und kulturelle Ökosystemleistungen haben „einen unmittelbaren Nutzen für den Menschen“. Im Zusammenhang mit dem urbanen Raum sind Regulierungsleistungen zum Beispiel „die Verminderung von Belastungen des Stadtklimas“ und die Verbesserung der Luftqualität durch Stadtgrün. Kulturelle Leistungen in Städten umfassen „positive Beiträge der Stadtnatur zur Erholung und Bildung von Menschen in der Stadt“ sowie die „spirituelle oder ästhetische Bedeutung“ von Stadtnatur. Beispiele für Versorgungsleistungen sind „die Versorgung mit Nahrungsmitteln aus urbanen Gärten“ und die Trinkwasserversorgung in Städten. (TEEB DE 2016, 24)

### 1.2.3 Urbane grüne Infrastruktur

Im Rahmen des UGI-Forschungsprojekts wird Urbane Grüne Infrastruktur (UGI) folgendermaßen definiert:

> „Urbane grüne Infrastruktur ist ein Netzwerk aus natürlichen, naturnahen und gestalteten Flächen und Elementen in Städten, die so geplant und unterhalten werden, dass sie eine hohe Qualität in Hinblick auf biologische Vielfalt, Nutzbarkeit und Ästhetik aufweisen und ein breites Spektrum an Ökosystemleistungen erbringen. Alle Arten von vegetations- und wassergeprägten Flächen und Einzelelemente können zur urbanen grünen Infrastruktur beitragen, unabhängig von Besitzverhältnissen und Entstehung. Auch versiegelte und bebaute Flächen können als Teil einer urbanen grünen Infrastruktur qualifiziert werden.“ (Hansen et al. 2016, 7)

Mit dem UGI-Konzept werden als strategische Ziele im Sinne einer nachhaltigen Stadtentwicklung angestrebt:

- „Förderung von Gesundheit und Lebensqualität“,
- „Förderung von Klimaanpassung und Resilienz“,
- „Schutz und Erleben von biologischer Vielfalt“,
- „Stärkung des sozialen Zusammenhaltes und der Teilhabe“,
- „Förderung von Nachhaltigkeit und Ressourceneffizienz“,
- „Stärkung grüner Baukultur“ sowie
- „Förderung wirtschaftlicher Entwicklung“.

(ebd., 11)

UGI wird als „vernetztes Freiraumsystem“ (ebd., 16) „strategisch geplant, erhalten und entwickelt“ (ebd., 9).

Folgende Planungsprinzipien sollen bei der Konzeption von UGI berücksichtigt werden:

- „Qualitäten verbessern",
- „Mehrfachnutzung und Funktionsvielfalt fördern",
- „Vernetzte Grünsysteme schaffen",
- „Grüne und graue Infrastrukturen zusammen entwickeln" sowie
- „Kooperationen und Allianzen anregen"

(ebd., 9)

„Damit das Konzept der urbanen grünen Infrastruktur Wirkung entfalten kann, muss es in die kommunale Planungspraxis integriert werden." (ebd., 20) Dazu sind „transdisziplinäres Denken und ressortübergreifende Zusammenarbeit vielfältiger staatlicher und nicht staatlicher Akteure" erforderlich (ebd., 8).

Zur Anwendung des Konzepts können verschiedene formelle und informelle Instrumente sowie Förderinstrumente eingesetzt werden (ebd., 20). Ein Beispiel für entsprechende formelle Instrumente ist der kommunale Landschaftsplan. Informelle Instrumente sind beispielsweise Klimaanpassungsstrategien und Biodiversitätsstrategien (ebd., 10). Auch kann der Ansatz der UGI zum Beispiel in die Bauleitplanung eingebunden werden (ebd., 20).

UGI soll „die verschiedenen Maßstabsebenen in der Stadtentwicklung abdecken und die Anforderungen vor Ort aufnehmen" (ebd., 7). Dazu sind gesamtstädtische und teilräumliche Konzepte erforderlich (ebd., 9). UGI-Netze „werden maßstabsübergreifend geplant und bieten damit die Chance zur Verbindung von (großräumiger) Landschafts- und (objektbezogener) Freiraumplanung" (ebd.). „Die Disziplin der Landschafts- und Freiraumplanung hat eine hohe Kompetenz, um querschnittsorientierte Planungen und Projekte anzuregen und anzuleiten." (ebd., 27) Durch die Durchdringung der verschiedenen Maßstabsebenen von Landschafts- und Freiraumplanung können diese beiden Disziplinen im Zusammenhang entwickelt werden (ebd., 16).

### 1.2.4 Freiraum

Die Verwendung des Begriffs „Freiraum" erfolgt in der vorliegenden Arbeit in Anlehnung zum einen an Richter (1981) und zum anderen an Mader (2012).

Im umfassenden Sinne sind Freiräume nach Richter (1981) „überwiegend unbebaute Flächen in der Stadt, die grün, begrünt oder befestigt sein können" (ebd., 13).

Diese Definition soll Ausgangspunkt für eine weitergehende Definition von Freiräumen im engeren Sinne sein, die die Grundlage für die Verwendung des Begriffs in der vorliegenden Arbeit bildet.

Im engeren Sinne ist bei Freiräumen nach Mader (2012) auch die planerische Gestaltung entscheidend: „Ein Freiraum wird geplant, also nach ästhetischen Gesichtspunkten, nach Regeln und Gesetzmäßigkeiten konzipiert und konstruiert." (ebd., 16) Mader hebt bei seinem Verständnis von Freiräumen im Grunde deren Ökosystemleistungen in den Vordergrund: „Freiräume bieten Begegnungen mit der Natur, stillen unser Bedürfnis nach Bewegung, nach Weite, Licht und frischer Luft, nach Bäumen, Vögeln, Wasser und Blumen." (ebd.) Freiräume sollen nach Mader der Entspannung und Erholung, der Gesundheit und dem Lustgewinn dienen und bilden einen „unverzichtbaren Ausgleich zur urbanen Lebenssphäre" (ebd.). Nach ihrer Nutzung können Freiräume in öffentliche, halböffentliche oder private Freiräume unterteilt werden (ebd., 10). Bei öffentlichen

Freiräumen, wie zum Beispiel Stadtparks, Uferpromenaden oder Stadtplätzen, ist Maders Verständnis folgend die freie Zugänglichkeit ein zentrales Merkmal (vgl. ebd., 16).

Im Rahmen der Projektarbeit werden auch gestaltete Fassaden- und Dachbegrünungen sowie gestaltete offene Wasserflächen als Freiraum beziehungsweise Freiraumelemente betrachtet.

### 1.2.5 Freiraumplanung

Freiraumplanung, also die Planung von Freiräumen als Aufgabenfeld der Landschaftsarchitektur, ist sehr vielschichtig und „umfasst ein weites Gebiet, vom privaten Hausgarten über repräsentative Außenanlagen von größeren Gebäuden bis zu den komplexen Strukturen des Stadtgrüns mit öffentlichen Plätzen, Fußgängerzonen, Parks, begrünten Stadteinfahrten, Naherholungsgebieten, Friedhöfen und Kleingartenkolonien" (Mader 2012, 6). Sie soll einerseits funktionale Anforderungen an den Freiraum, andererseits aber auch ästhetische Bedürfnisse erfüllen (ebd.).

### 1.2.6 Landschaftsplanung

Bei der Landschaftsplanung ist nach Jessel et al. (2002) grundsätzlich zu unterscheiden zwischen

- der kommunalen Landschaftsplanung im engeren Sinne als spezifisches formelles Planungsinstrument und Fachbeitrag zum Flächennutzungsplan (FNP) für ein Gemeindegebiet bildet (kommunaler Landschaftsplan),
- der gesetzlichen Landschaftsplanung im Sinne des Bundesnaturschutzgesetzes (BNatSchG) und
- einem erweiterten Verständnis von Landschaftsplanung.

(ebd., 32-33)

Die gesetzliche Landschaftsplanung ist über die §§ 8 bis 12 BNatSchG definiert, wobei die zentrale Aufgabe der Landschaftsplanung in § 9 Abs. 1 BNatSchG festgeschrieben ist:

> „Die Landschaftsplanung hat die Aufgabe, die Ziele des Naturschutzes und der Landschaftspflege für den jeweiligen Planungsraum zu konkretisieren und die Erfordernisse und Maßnahmen zur Verwirklichung dieser Ziele auch für die Planungen und Verwaltungsverfahren aufzuzeigen, deren Entscheidungen sich auf Natur und Landschaft im Planungsraum auswirken können." (ebd.)

Die formellen Instrumente der gesetzlichen Landschaftsplanung sind zum einen Landschaftsprogramme und Landschaftsrahmenpläne sowie zum anderen auf kommunaler Ebene Landschaftspläne (LP) und Grünordnungspläne (GOP). (vgl. § 10 und 11 BNatSchG)

In der Honorarordnung für Architekten und Ingenieure (HOAI) umfasst der Anwendungsbereich der Landschaftsplanung LP, GOP, Landschaftsplanerische Fachbeiträge, Landschaftsrahmenpläne, Landschaftspflegerische Begleitpläne sowie Pflege- und Entwicklungspläne. (vgl. § 22 Abs. 2 HOAI)

In einem erweiterten Verständnis von Landschaftsplanung wird diese nach Jessel (2002) als „Oberbegriff für verschiedene ökologisch orientierte Planungsinstrumente" verwendet (ebd., 33).

Der Projektarbeit liegt ein Verständnis von Landschaftsplanung im weiteren Sinne zu Grunde, wonach diese neben den im BNatSchG und in der HOAI aufgeführten landschaftsplanerischen Instrumente auch weitere Instrumente natur- und umweltschutzorientierter Planung einschließt, zum Beispiel naturschutzfachliche Pflege- und Entwicklungskonzepte, Landschaftsentwicklungskonzepte, Biodiversitätsstrategien, Biotopverbundplanungen sowie entsprechende Fachbeiträge zu wasserwirtschaftlichen Planungen und zu Integrierten Stadtentwicklungskonzepten.

## 1.3 Untersuchungsfrage und Ziele

Die Untersuchungsfrage der vorliegenden Arbeit lautet:
Welche freiraumspezifischen Empfehlungen lassen sich aus dem Konzept der urbanen grünen Infrastruktur für die Stadtentwicklung der Würzburger Innenstadt ableiten?

Die Ziele der Projektarbeit sind:
- Übertragung der Erkenntnisse aus dem UGI-Forschungsprojekt auf die Würzburger Innenstadt,
- Ermittlung von freiraumspezifischen Handlungsfeldern mit besonderem Handlungsbedarf (vgl. Kapitel 3) und von Handlungspotenzialen in der Würzburger Innenstadt,
- Entwicklung freiraumspezifischer Handlungs- und Maßnahmenempfehlungen zur strategischen Planung, Erhaltung und Entwicklung der UGI in der Würzburger Innenstadt (vgl. Kapitel 4),
- Entwicklung konkreter Projektvorschläge für die UGI der Würzburger Innenstadt (vgl. Kapitel 5).

## 1.4 Untersuchungsgebiet

Das UGI-Konzept kann „auf verschiedenen Maßstabsebenen (...) eingesetzt und nach lokalem Handlungsbedarf konkretisiert werden“ (Hansen et al. 2016, 8).

In der kreisfreien Großstadt Würzburg (Großstadt gemäß BBSR 2016) leben aktuell etwa 127.200 Einwohner (Stadt Würzburg 2016). Würzburg ist das Oberzentrum im Regierungsbezirk Unterfranken (ISEK Gesamtstadt, 14), wichtigster Beschäftigungsort der Region, Universitätsstadt, bedeutender Kultur-standort und „überregional bedeutsames touristisches Ziel“ (ebd., 15). Hinsichtlich der naturräumlichen Gliederung liegt das Stadtgebiet in der Naturraum-Haupteinheit Mainfränkische Platten (LfU 2016, FIS-Natur Online).

Die Weinberge und der Main, der das Stadtgebiet von Süden nach Norden durchfließt, sind stadtbildprägend (ISEK Gesamtstadt, 14). Das etwa 87 km$^2$ große Stadtgebiet besteht aus 13 Stadtbezirken, wobei es sich zum Teil um ehemals selbstständige Städte und Gemeinden handelt (ebd., 14-15). „In der Altstadt und den direkt angrenzenden Stadtbezirken Zellerau, Grombühl, Frauenland und Sanderau wohnen über 50 % der Würzburger Bevölkerung.“ (ebd.) Neben der Altstadt sind auch die bereits genannten Bezirke Zellerau, Grombühl, Sanderau und Teile des Frauenlands „sehr urban geprägte Stadtbereiche mit hoher Siedlungsdichte und guter Infrastrukturversorgung“ (ebd., 92). Bei den nicht zentral gelegenen Bezirken handelt es sich um die „Großwohnsiedlungen“ Heuchelhof und Lindleinsmühle, das „Villenviertel“ Steinbachtal, das „eher kleinstädtisch geprägte“ Heidingsfeld sowie die „teilweise dörflich geprägten“ Bezirke Dürrbachtal, Versbach, Lengfeld und Rottenbauer (ebd., 92).

Der Stadtbezirk Altstadt ist mit einem Anteil von 15 % an der Gesamtbevölkerung des Stadtgebiets der bevölkerungsreichste Bezirk und wird „als Wohnort zudem immer begehrter“ und „besonders von jungen Erwachsenen zum Wohnen bevorzugt“ wird (ISEK Innenstadt, 33). Die Würzburger Altstadt ist „das wirtschaftliche, kulturelle und touristische

Zentrum der Stadt" (ISEK Gesamtstadt, 92), „bedeutender Arbeitsort und Standort vieler Gewerbe- und Dienstleistungsbetriebe" und „Ort zum Ausgehen und Einkaufen, für Feste und kulturelle Aktivitäten" (ebd., 15). Sie ist „das identitätsstiftende Zentrum" und gleichzeitig ein überregional touristisches Ziel (ebd.). „Die Außenwirkung der Würzburger Innenstadt ist von ihrer Funktion als Einkaufs-, Arbeits- und Erlebnisort geprägt." (ebd.) Die Gebäudevolumendichte ist in der Altstadt mit einem statistischen Mittelwert von etwa 61 $m^3/m^2$ unter den Würzburger Stadtbezirken deutlich am höchsten (Burghardt et al. 2016, 41).

Das Untersuchungsgebiet (UG) ist die Innenstadt Würzburgs. Die Abgrenzung des UG Innenstadt wurde aus dem Integrierten Städtebaulichen Entwicklungskon-zept Innenstadt Würzburg (ISEK Innenstadt) übernommen, sie „orientiert sich in weiten Teilen an der Grenze des Stadtbezirkes Altstadt" (ISEK Innenstadt, 16). Nur im östlichen und westlichen Bereich geht die Grenze des Altstadtbezirks über die Abgrenzung der Innenstadt hinaus. Die östliche und südliche Grenze des UG bildet der äußere Rand des Ringparks, die westliche der Main. Die nördliche Umgrenzung ergibt sich aus dem Main und den zum Main hin verlaufenden Gleistrassen. Im Hinblick auf die potenzielle natürliche Vegetation (PNV) im UG handelt es sich größtenteils um einerseits „Bergseggen-Waldgersten-Buchen-wald; örtlich im Komplex mit Bergseggen-Waldmeister-Buchenwald" im mittleren und östlichen Bereich sowie „Flatterulmen-Stieleichen- im Komplex mit Silberweiden-Auenwald" im westlichen Bereich am Main (LfU 2016, FIS-Natur Online).

## 1.5 Methodik

### 1.5.1 Fachliche Grundlagen

Die Projektarbeit ist parallel zum UGI-Forschungsvorhaben erstellt worden, welches auch die zentrale wissenschaftliche Grundlage der Arbeit ist.

Die planerische Grundlage im Hinblick auf das UG bilden primär die beiden Integrierten Städtebaulichen Entwicklungskonzepte (ISEK) Gesamtstadt Würzburg und Innenstadt Würzburg. Beide ISEK wurden 2012 im Auftrag der Fachabteilung Stadtentwicklung des Baureferats der Stadt Würzburg erstellt. Das ISEK Gesamtstadt wurde vom Planungsbüro SSR Schulten Stadt- und Raumentwicklung aus Dortmund und das ISEK Innenstadt von SSR in Kooperation mit dem Dortmunder Büro Stadtidee Raum.Objekt.Prozess erstellt (ISEK Gesamtstadt, 128; ISEK Innenstadt, 128).

Das ISEK Innenstadt dient der „Vorbereitung von Aufwertungs- und Entwicklungsmaßnahmen" (ebd., 8).

Die „Ziele der Innenstadtentwicklung" im ISEK Innenstadt sind unter anderem:
- „Aufwertung des öffentlichen Raums",
- „Qualifizierung des Wohnorts Innenstadt",
- „Freiräume pflegen und weiterentwickeln" und
- „Stadt ans Wasser".

(ebd., 57-58)

Als „Leitlinien der Innenstadtentwicklung" sind im ISEK Innenstadt unter anderem festgelegt worden:
- „Schaffung von Aufenthaltsqualität und guten Bedingungen für Nahmobilität",
- „Achsen als zentrale Entwicklungsbereiche",
- „Schaffung von ‚Stadtoasen'" und
- „Innenstadt ans Wasser bringen".

(ebd., 59-60)

Neben den beiden ISEK sind auch das Integrierte Klimaschutzkonzept für die Stadt Würzburg (IKK) von Karg et al. (2012) und das Fachgutachten zur stadtklimatischen Analyse Würzburgs (Klimaplanatlas der Stadt Würzburg) von Burghardt et al. (2016) wichtige Planungsgrundlagen der Arbeit mit konkretem Bezug zur Würzburger Innenstadt.

Die leitfadengestützten Experteninterviews, die im Zeitraum von Mai bis August 2016 mit Vertretern der Stadtverwaltung Würzburgs stattgefunden haben, bilden eine weitere wesentliche Basis der Projektarbeit.

Im Einzelnen haben zur Entwicklung der Projektarbeit folgende leitfadengestützte Experteninterviews beigetragen:

- Experteninterview mit Herrn Müller, Gartenamtsleiter und Frau Höger, Dipl.Ing. (FH) Landschaftsarchitektin, Gartenamt der Stadt Würzburg am 23.05.16,
- Experteninterview mit Herrn Göpfert, Klimaschutzbeauftragter der Stadt Würzburg am 23.05.16,
- Experteninterview mit Herrn Düthmann, Leiter der Fachabteilung Stadtentwicklung der Stadt Würzburg am 27.06.16,
- Experteninterview mit Herrn Dr. Frommer, Leiter des Fachbereichs Umwelt- und Klimaschutz, Herrn Kuhn, Leiter der Fachabteilung Naturschutz und Landschaftspflege, und Herrn Maehler, Klimaschutzmanager, Stadt Würzburg am 19.08.16.

Die Planung, Durchführung, Dokumentation und Auswertung der leitfadengestützten Experteninterviews hat in Anlehnung an Empfehlungen von Mieg et al. (2005) stattgefunden. „In einem Experteninterview werden Experten Fragen vorgelegt, auf die sie in freier Rede in selbst gewählter (Fach-)Terminologie antworten können." (Mieg et al. 2005, 4). Unter einem Experten versteht Mieg et al. im Zusammenhang mit Experteninterviews „jemand(en), der/die aufgrund langjähriger Erfahrung über bereichsspezifisches Wissen/Können verfügt" (ebd., 7). Experteninterviews „zählen (...) aufgrund der kleinen Zahl der Befragten (...) und aufgrund der Offenheit der Fragen zu den qualitativen Methoden der Datenerhebung." (ebd., 4-5) Vor jedem Experteninterview ist ein spezieller Interviewleitfaden in Anlehnung an die Empfehlungen von Mieg et al. entwickelt worden. Interviewleitfäden dienen nach Mieg et al. als „hilfreiche Stütze für den Interviewer, um sicherzustellen, dass die Fragen vollständig und hinreichend spezifisch im Gespräch behandelt werden" (ebd., 10) und somit ein „themenfokussiertes Gespräch" stattfinden kann (ebd., 4). Von den Experteninterviews sind jeweils vollständige Tonaufnahmen mit Hilfe eines Smartphones gemacht worden. (Lediglich vom Experteninterview beim Gartenamt der Stadt Würzburg am 23.05.16 konnte wegen eines technischen Fehlers keine verwertbare Tonaufnahme erstellt werden.) Zusätzlich wurde jeweils ein Handprotokoll erstellt (vgl. Mieg et al. 2005, 6). Vor Beginn der Experteninterviews beziehungsweise der Tonaufnahmen ist jeweils das Einverständnis der befragten Experten für die Aufnahmen eingeholt worden. Zur Auswertung der Experteninterviews sind diese auf Grundlage der Tonaufnahmen, der Handprotokolle und der Erinnerung jeweils im Sinne der intersubjektiven Nachvollziehbarkeit thematisch zusammengefasst worden. (Das Experteninterview am 23.05.16 wurde entsprechend auf Grundlage des Handprotokolls und der Erinnerung zusammengefasst.) Bei den Interviews wurde darauf verzichtet, diese wortgenau zu protokollieren. Die wortgenaue Transkription eines Experteninterviews ist jedoch auch nur in bestimmten Fällen erforderlich (vgl. Mieg et al. 2005, 21-23). In Anlehnung an Mieg et al. (2005) trägt eine thematische Zusammenfassung der Experteninterviews im vorliegenden Fall dem wissenschaftlichen Arbeiten in ausreichendem Maße Rechnung (vgl. ebd., 21-23). Die thematischen Zusammenfassungen der Experteninterviews sind den jeweils beteiligten Experten per E-Mail mit der Bitte um Prüfung zugestellt worden. Nur in einem Fall sind im Zuge dessen geringe nachträgliche Ergänzungen vorgenommen worden.

Recherchen, Bestandserfassungen und Analysen bilden eine vierte wesentliche Grundlage der Projektarbeit. Unter anderem wurden Luftbilder der Würzburger Innenstadt in Verbindung mit verschiedenen Geoinformationssystem (GIS)-basierten Daten ausgewertet. Hierbei wurden beispielsweise GIS-Daten verwendet, die von der Bayerischen Vermessungsverwaltung und des Bayerischen Landesamts für Umwelt (LfU) im Internet bereitgestellt werden. Auch wurden GIS-Daten (Shapes) vom Gartenamt der Stadt Würzburg für die Projektarbeit bereitgestellt. Diese wurden in ArcGIS (ESRI Inc.) mit aktuellen Luftbildern der Würzburger Innenstadt hinterlegt. Hierdurch konnte die Lage und der Umfang der öffentlichen Grünflächen sowie der Baumbestand im öffentlichen Raum in der Würzburger Innenstadt genauer analysiert werden. Um die Aktualität der in der Projektarbeit getroffenen Aussagen sicherzustellen, wurden verschiedene Ortsbegehungen unternommen und regelmäßig die Internetseite der Stadt Würzburg sowie die Würzburger Lokalzeitung Main-Post nach Informationen überprüft, die die Thematik der Projektarbeit betreffen. Darüber hinaus wurden fachspezifische Beiträge und Artikel, Broschüren und Fachliteratur, politische Programme und Gesetze herangezogen.

Die Umgrenzung des UG Würzburger Innenstadt und die Planungshinweiskarte (vgl. Anhang) wurden jeweils mit ArcGIS (ESRI Inc.) auf Grundlage von Luftbildern aus den ArcGIS-Geodatabases erstellt. Zur Darstellung der einzelnen Projektgebiete (vgl. auch Planungshinweiskarte) in Kapitel 5 wurden neben Satellitenbildern aus ArcGIS-Geodatabases auch Luftbilder und perspektivische Luftbildmodellierungen aus Google Earth (Google Inc.) verwendet. Zur Übertragung der Umgrenzungen der einzelnen Projektgebiete auf Google-Luftbildern wurde Adobe Photoshop (Adobe Systems Software Ltd.) verwendet.

Zur Veranschaulichung der Bestandssituation und der Projektvorschläge in Kapitel 5 wurden zudem Profilskizzen als nicht maßstäbliche Handzeichnungen angefertigt. Diese wurden eingescannt und ebenfalls mit Adobe Photoshop bearbeitet.

### 1.5.2 Arbeitsschritte

Im Rahmen der Grundlagenermittlung und Analyse haben folgende Arbeitsschritte stattgefunden:

(1) Überblick über die freiraumspezifische Bestandssituation in der Würzburger Innenstadt,
(2) Ermittlung des Handlungsbedarfs,
(3) Ermittlung und Analyse konkreter freiraumspezifischer Handlungsfelder im Hinblick auf die Ziele von UGI,
(4) Festlegung eines Hauptziels sowie
(5) Ermittlung von Handlungspotenzialen.

Die Arbeitsschritte 1 bis 3 sind primär auf Grundlage der beiden ISEK erfolgt. Hierbei sind unter anderem die SWOT (strengths-weaknesses-opportunities-threats)-Analysen im ISEK Gesamtstadt und die Stärken-Schwächen-Profile im ISEK Innenstadt hinsichtlich UGI-relevanter Aspekte in Bezug auf die Würzburger Innenstadt ausgewertet worden. Da sich im Laufe der Arbeit zunehmend herausgestellt hat, dass in der Würzburger Innenstadt aktuell besonderer Handlungsbedarf im Hinblick auf ein bestimmtes strategisches Ziel des UGI-Konzepts besteht, ist dieses Ziel in einem vierten Arbeitsschritt als Hauptziel der UGI der Würzburger Innenstadt festgelegt worden (vgl. Kapitel 2). Für die Ermittlung von Handlungspotenzialen in der Würzburger Innenstadt (Arbeitsschritt 5) sind die Experteninterviews von entscheidender Bedeutung gewesen.

Auf Basis der Grundlagenermittlung und Analyse sind freiraumspezifische Empfehlungen zur strategischen Planung, Erhaltung und Entwicklung der UGI in der Würzburger Innenstadt entwickelt worden:

(6) Entwicklung von Handlungs- und Maßnahmenempfehlungen (vgl. Kapitel 4),
(7) Entwicklung konkreter Projektvorschläge (vgl. Kapitel 5) sowie
(8) Erstellung einer Planungshinweiskarte (siehe Anhang).

Auch bei diesen Arbeitsschritten haben Erkenntnisse aus den Experteninterviews einen wesentlichen Beitrag geleistet. Die Planungshinweiskarte (vgl. Anhang) dient der Zusammenfassung, Veranschaulichung und Verortung der freiraumspezifischen Projektvorschläge und der Empfehlungen mit konkretem Raumbezug.

Zur Verdeutlichung der methodischen Vorgehensweise bei der Erstellung der Projektarbeit ist die Methodik auf der nachfolgenden Seite schematisch dargestellt.

Schematische Darstellung der Methodik bei der Erstellung der Projektarbeit

# 2 Förderung von Klimaanpassung und Resilienz als Hauptziel in der Würzburger Innenstadt

Die strategischen Ziele von UGI beinhalten das Ziel „Förderung von Klimaanpassung und Resilienz“ (vgl. Kapitel 1.2.3).

Unter dem Begriff Klimaanpassung werden vom Weltklimarat IPCC (Intergovernmental Panel on Climate Change) Initiativen und Maßnahmen zusammengefasst, die dazu geeignet sind, „die Empfindlichkeit natürlicher und menschlicher Systeme gegenüber tatsächlichen oder erwarteten Auswirkungen der Klimaänderung zu verringern“ (IPCC 2007, 71). Zur Klimaanpassung sind nach der Europäischen Kommission (KOM) „die nachteiligen Auswirkungen des Klimawandels im Voraus einzuplanen und geeignete Maßnahmen zur Verhinderung oder Minimierung der klimawandelbedingten Beeinträchtigungen zu treffen, oder sich aus dem Klimawandel ergebende Chancen zu nutzen“ (KOM 2016). Zur Klimaanpassung wurde von der Deutschen Bundesregierung 2008 die „Deutsche Anpassungsstrategie an den Klimawandel“ (DAS) (Deutsche Bundesregierung 2008) und von der Bayerischen Staatsregierung 2009 die „Bayerische Klima-Anpassungsstrategie“ (BayKLAS) (StMUG 2009) beschlossen.

Mit Resilienz bezeichnet die IPCC die „Fähigkeit eines Systems und seiner Bestandteile, ein gefährliches Ereignis vorwegzunehmen, es zu dämpfen, sich daran anzupassen oder sich von diesem zügig und auf effiziente Weise wieder zu erholen, wobei Erhalt, Wiederherstellung oder Verbesserung der essentiellen Grundstrukturen und -funktionen des Systems sichergestellt bleiben“ (IPCC 2012, 563).

Nach dem Klima-Report Bayern 2015 äußerte sich der Klimawandel in Bayern bislang (Referenzzeitraum 1971-2000) insgesamt durch „einen allgemeinen Temperaturanstieg, eine Umverteilung der innerjährlichen Niederschläge, eine Tendenz zur Zunahme von Starkniederschlägen und zur Abnahme der Schneebedeckung sowie durch eine Verschiebung der phänologischen Phasen.“ (StMUV 2015, 4)

„Die mittlere Jahrestemperatur ist in Bayern im Zeitraum 1881 bis 2014 um 1,4°C angestiegen“, wobei der Temperaturanstieg etwa seit dem Ende der 1980er Jahre besonders hoch ist. (ebd., 38) Der Anstieg der mittleren Jahrestemperatur seit 1881 ist in Bayern etwas höher als der Temperaturanstieg in Deutschland, wo er im selben Zeitraum 1,3°C betragen hat und damit wiederum über dem globalen Mittel liegt. (ebd.) Im Zeitraum 1971 bis 2000 betrug die mittlere Jahrestemperatur in Bayern 7,8°C, wobei die Jahresmitteltemperaturen innerhalb der Landesfläche Bayerns sehr variieren. (ebd., 38) Im Raum Würzburg betrug die Jahresmitteltemperatur im selben Bezugszeitraum etwa 9°C. (ebd.) „In der Zukunft wird sich der Temperaturtrend in Bayern sehr wahrscheinlich fortsetzen.“ (ebd., 4) Für die Jahresmitteltemperatur wird in der nahen Zukunft (2021-2050) ein Temperaturanstieg von 1 bis 2°C gegenüber vorindustriellem Niveau erwartet. (ebd.) Dieser Anstieg könnte sich in der fernen Zukunft (2071-2100) auf 2 bis 4,5°C verstärken. (ebd.) Für den Temperaturanstieg in den einzelnen Jahreszeiten werden ähnliche Änderungen in Bayern projiziert. (ebd.) (Bezugszeitraum für Prognosen für die zukünftige Entwicklung der Jahresmitteltemperatur jeweils 1971-2000)

Der mittlere Jahresniederschlag betrug in Bayern im Zeitraum 1961 bis 2000 im Durchschnitt 945 mm. Auch beim mittleren Jahresniederschlag bestehen in Bayern große regionale Unterschiede. Die niedrigsten mittleren Niederschläge lagen im genannten Zeitraum im Raum Würzburg-Schweinfurt. So lag der mittlere Jahresniederschlag in

Würzburg im genannten Zeitraum bei nur etwa 650 mm. (ebd., 44) Für die zukünftige Entwicklung der Niederschlagsverhältnisse in Würzburg ergibt sich die Tendenz, dass die Niederschläge im Winter in der nahen (2021-2050) und fernen Zukunft (2071-2100) zunehmen, während die Niederschläge im Sommer zumindest in der fernen Zukunft abnehmen werden. Die aufgezeigten Tendenzen der Niederschläge für die ferne Zukunft (Zunahme der Winterniederschläge, Abnahme der Sommerniederschläge) betreffen zwar Bayern insgesamt, jedoch den nord-westlichen Bereich des Landes und somit Würzburg in besonders hohem Maße. (ebd.) (Bezugszeitraum für die Prognosen für die zukünftige Entwicklung der mittleren Jahresniederschläge jeweils 1961-1990)

Das Stadtgebiet Würzburg liegt also heute sowohl im heißesten, als auch im trockensten Bereich Bayerns und wird von der zunehmenden Klimaerwärmung mit hoher Wahrscheinlichkeit in besonderem Maße betroffen sein.

Im Integrierten Klimaschutzkonzept der Stadt Würzburg (IKK) werden als Auswirkungen des Klimawandels auf das Stadtgebiet Würzburg (Gesamtstadt) neben der erheblichen Zunahme von heißen Tagen und Nächten sowie der Abnahme der Niederschläge im Sommer einerseits Wasserknappheit, andererseits jedoch auch die Zunahme von Starkregenereignissen und erhöhte Hochwassergefahr genannt. (IKK 2012, 103-105)

In Becken- und Tallagen sowie in den Wärmeinseln von Großstädten wird allgemein eine zusätzliche Erwärmung hervorgerufen (StMUV 2015, 38). „Besonders betroffen vom städtischen Wärmeinseleffekt sind die Innenstadtgebiete mit ihrem hohen Versiegelungsgrad." (Dettmar et al. 2016, 11) In Verbindung mit der topographischen Kessellage und dem Wärmeinseleffekt führt der Klimawandel in der Würzburger Innenstadt zu einer erheblich verstärkten Aufheizung. (ISEK Gesamtstadt Würzburg, 52, 88) „Durch die bereits heute spürbare Wärmebelastung im Innenstadtbereich und die für Würzburg besorgniserregenden Klimaprognosen besteht hier unmittelbarer Handlungsbedarf." (IKK 2012, 39) Thermische Belastung und Hitzewellen in Städten stellen ein erhöhtes Gesundheitsrisiko insbesondere für ältere und kranke Menschen sowie Kleinkinder dar. (TEEB DE 2016, 55) Darüber hinaus führt thermische Belastung „insgesamt zu einer Minderung der Lebensqualität und Leistungsfähigkeit der Stadtbevölkerung" (Wissel et al. 2013, 14).

In der Klimafunktionskarte des Klimaplanatlas der Stadt Würzburg von Burghardt et al. (2016) ist der innenstädtische Bereich zwischen Ringpark und Main zum überwiegenden Teil entweder als „Moderate Überwärmung – Verdichtete Gebiete mit großen Baumassen. Freiräume meist vegetationsfrei und mit eingeschränkter Belüftung. Überwärmungsrisiko erhöht." oder als „Starke Überwärmung – Stark verdichtete Gebiete, geprägt durch fehlende Vegetation und geringe Retentionseigenschaften. Stark eingeschränkte Belüftung. In Kombination mit großen Baumassen (...) hohes Überwärmungsrisiko." gekennzeichnet (ebd., 22, 24). In der Planungshinweiskarte von Burghardt et al. zur Gesamtbewertung ist der Bereich vorwiegend als „Sanierungszone" dargestellt. „Flächen dieser Kategorie sind (...) durch gravierende stadtklimatische Funktionsverluste (...) geprägt und sollten im Fokus der städtebaulichen Umbau- und Sanierungsmaßnahmen stehen." (ebd., 28)

In der Würzburger Innenstadt sind somit Maßnahmen zur effektiven Verbesserung der Klimaanpassung und Erhöhung der Resilienz erforderlich.

Auch im ISEK Gesamtstadt wird die Notwendigkeit der Klimaanpassung in der Würzburger Innenstadt festgestellt (vgl. ebd., 52). Eine der „Leitthemen der gesamtstädtischen

Entwicklung“ mit explizitem Bezug zur Innenstadtentwicklung lautet daher „Anpassung der Stadtentwicklung an den Klimawandel“ (ISEK Innenstadt, 57).

Als strategisches Ziel von UGI wird mit der „Förderung von Klimaanpassung und Resilienz“ angestrebt, die Städte mittels der grünen Infrastruktur an den Klimawandel anzupassen und die Belastungen für die im urbanen Raum lebenden Menschen zu verringern (Hansen et al. 2016, 12).

Stadtgrün „kann einer Überwärmung der Städte entgegenwirken, indem es zur Entstehung und Leitung von Kaltluft beiträgt und bioklimatische Ausgleichsräume schafft“ (Wissel et al. 2013, 14). „Stadtbäume, Entsiegelungen oder Fassaden- und Dachbegrünungen tragen durch Verschattung, Isolierung und Verdunstungseffekte in unterschiedlichem Umfang zur Abkühlung der steigenden Oberflächen- und Lufttemperatur bei.“ (ebd.) Urbanes Grün und insbesondere Stadtbäume leisten bei Hitzewellen einen Betrag, das gesundheitliche Risiko zu senken und das Wohlbefinden zu steigern, indem sie tagsüber die Wärmebelastung durch Verdunstungskühlung und Schattenwurf senken. Schattenwurf trägt zudem zur Reduzierung des Hautkrebsrisikos zu (TEEB DE 2016, 55-56). „Parks und offene Grünflächen fungieren als Kalt- und Frischluftentstehungsgebiete und -leitbahnen, sorgen so für eine verbesserte Luftqualität und leiten Kaltluft aus dem Umland in die Stadtzentren hinein“ (Wissel et al. 2013, 14). Auch kann mit Freiflächen ein Beitrag zur Erhöhung der Resilienz von Städten gegenüber Extremereignissen wie Hochwassern geleistet werden, zum Beispiel durch dezentrales Regenwassermanagement und Versickerung von Niederschlagswasser auf Grünflächen. „Eine multifunktionale grüne Infrastruktur kann Schäden durch Wetterextreme vergleichsweise kostengünstig reduzieren und auf vielfältige Art und Weise zu Gesundheit und Wohlbefinden beitragen.“ (Hansen et al. 2016, 16) Welche Maßnahmen oder Maßnahmenkombinationen zur Förderung von Klimaanpassung und Resilienz geeignet sind, hängt von den lokalen Gegebenheiten und Zielsetzungen ab (vgl. Wissel et al. 2013, 14).

Im Sinne des UGI-Konzepts werden die jeweiligen Anforderungen vor Ort aufgenommen (Hansen et al. 2016, 7) und die UGI „sollte so qualifiziert werden, dass sie umfassend diejenigen Ökosystemleistungen erbringen kann, für die ein besonderer Bedarf vor Ort besteht“ (ebd., 19). Gleichzeitig zeichnet sich UGI dadurch aus, „dass sie vielfältige Ziele einer sozial, ökologisch und ökonomisch nachhaltigen Stadtentwicklung unterstützt“. (ebd., 8) Entsprechend dem Planungsprinzip „Mehrfachnutzung und Funktionsvielfalt fördern“ sollen vielfältige Ökosystemleistungen bereitgestellt, Synergien genutzt und gefördert, verschiedene Nutzungen überlagert und verknüpft werden (ebd., 17).

Da in der Würzburger Innenstadt besonderer Handlungsbedarf zur „Förderung von Klimaanpassung und Resilienz“ vorliegt, ist im Rahmen der Projektarbeit eine Priorisierung dieses strategischen Ziels von UGI vorgenommen worden. Zugleich sollen die anderen strategischen Ziele und auch Planungsprinzipien des UGI-Konzepts stets miteinbezogen werden, sodass Synergien mit möglichst vielen Zielen und Prinzipien angestrebt werden und im konkreten Fall auch andere Schwerpunkte des UGI-Konzepts Vorrang haben können.

# 3 Handlungsfelder

Bei der Untersuchung des freiraumspezifischen Handlungsbedarfs in der Würzburger Innenstadt im Hinblick auf das UGI-Konzept sind bei dieser Projektarbeit bestimmte Handlungsfelder ermittelt worden, die nachfolgend erläutert werden.

## 3.1 Dominanz von Verkehrsflächen für den motorisierten Verkehr

Das Stadtgebiet Würzburg wird mit dem relativ hohen Anteil von etwa 48 % als Siedlungs- und Verkehrsfläche genutzt (Bayerisches Landesamt für Statistik 2016, 13, Stand 2014). Von einem entsprechend hohen Versiegelungsgrad und einer hohen Bebauungsdichte ist besonders die Würzburger Innenstadt betroffen. Der hohe Versiegelungsgrad zwischen Ringpark und Main hängt neben der hohen Bebauungsdichte auch mit der dortigen "Dominanz des fließenden und ruhenden Autoverkehrs" (ISEK Gesamtstadt, 104) insbesondere des motorisierten Individualverkehrs (MIV) in der Innenstadt (ebd., 37) zusammen. Das hohe Kraftfahrzeugaufkommen führt hier zu problematischen Luftbelastungen. (ebd., 104) So konnten bestimmte Grenzwerte des Luftreinhalteplans Würzburg insbesondere durch verkehrsbedingte Luftschadstoffe in den letzten Jahren nicht eingehalten werden. (ebd, 36) Zwar haben sich die Luftbelastungen in Würzburg inzwischen zum Teil verringert und es lagen zuletzt keine Grenzwertüberschreitungen bei Feinstaub vor, doch es bestehen Grenzwertüberschreitungen bei Stickstoffdioxid ($NO_2$) an einigen engen und vielbefahrenen Straßen in Würzburg. (Frommer 2016, Experteninterview) Beispielsweise im Bereich Theaterstraße, Textorstraße und Bahnhofstraße lagen in der Innenstadt zuletzt zu hohe $NO_2$-Immissionen vor. (ebd.) Die Kessellage der Innenstadt, durch welche Inversionswetterlagen begünstigt werden, wirkt sich auf die Luftqualität in der Innenstadt problemverstärkend aus. (ISEK Gesamtstadt, 36-37) Das hohe Maß an Versiegelung und Bebauung zwischen Ringpark und Main trägt auch zur Verschärfung des Wärmeinseleffekts in der Innenstadt bei. (Göpfert 2016, Experteninterview) Das hohe Kraftfahrzeugaufkommen des MIV geht in Teilen der Innenstadt zudem zu Lasten anderer Verkehrsmittel und zu Lasten der Attraktivität der Innenstadt. (ISEK Gesamtstadt, 104) Zudem wird die Aufenthaltsqualität in der Innenstadt insbesondere durch den ruhenden Autoverkehr und den Verkehr beim Suchen von Parkmöglichkeiten beeinträchtigt (ISEK Innenstadt, 107).

## 3.2 Mangel an dezentralen grünen Freiräumen und geringer Baumbestand im Bereich zwischen Ringpark und Main

Der hohe Versiegelungsgrad und die hohe Bebauungsdichte zwischen Ringpark und Main gehen mit einem Mangel an Grünräumen in diesem Bereich einher. Burhardt et al. (2016) stellen für den Bereich des UG eine „hohe Unterversorgung mit Vegetation“ fest. (ebd., 34) So ist die Vegetationsbedeckung in der Altstadt unter den Stadtbezirken Würzburgs mit etwa 36 % am geringsten. (ebd.) Im Bereich zwischen Ringpark und Main ist die Vegetationsbedeckung besonders gering. (ebd., 33, Karte Vegetationsstruktur) Auch im ISEK Innenstadt und im IKK wird ein Mangel an öffentlichen grünen Freiräumen zwischen Ringpark und Main festgestellt (ISEK Innenstadt, 22; IKK, 107). Dadurch bestehen in der Innenstadt auch nur wenige Freiflächen zur wohnortnahen Erholung und Freizeitgestaltung (ISEK Gesamtstadt, 451). Auch der Baumbestand zwischen Ringpark und Main ist gering. (vgl. ISEK Innenstadt, 22) „Die Straßen- und Stadträume der Innenstadt sind zum überwiegenden Teil baumlos gestaltet“ (ebd.).

## 3.3 Brüche im Freiraumzusammenhang an Main und Ringpark

Main und Ringpark werden im ISEK Innenstadt als die beiden "markantesten Elemente der Stadtstruktur der Innenstadt" bezeichnet (ebd., 44). "Beide Elemente sind gestaltgebend, besitzen jedoch auch wichtige Funktionen als Naherholungsbereiche und zum klimatischen Ausgleich." (ebd.) Der innerstädtische Bereich am Main sowie der nördliche Ringpark sind in der Klimafunktionskarte von Burghardt et al. (2016) als „Luftleitbahn“ dargestellt (ebd., 24). Diese Gebiete eigenen sich zum bodennahen Transport von Luftmassen. (ebd., 23)

Bei den beiden städtebaulichen Komponenten Main und Ringpark werden im ISEK Innenstadt „Brüche im Stadtgefüge“ festgestellt (ebd., 46).

Der Ringpark ist „gestaltgebendes Element für die heutige Innenstadt" (ISEK Innestadt, 53) sowie "Naherholungsraum und Erlebnisraum mit wichtiger klimatischer Ausgleichsfunktion" (ebd). In der Klimafunktionskarte von Burghardt et al. ist der Ringpark größtenteils als „Frischluftentstehungsgebiet“ gekennzeichnet (ebd., 24). Es handelt sich somit um „lufthygienisch bedeutende Flächen mit starker Filterwirkung für Luftschadstoffe sowie (...) (zur) Frischluftproduktion“ (ebd., 21).

Auch im nördlichen Teil des Ringparks liegen entsprechend dem ISEK Innenstadt Brüche in der Freiraumvernetzung vor (ebd., 107). „In Teilbereichen ist der Ringpark durch Verkehrsbauten durchschnitten bzw. unterbrochen" (ebd., 53). Handlungsbedarf zur Verbesserung der Durchgängigkeit des Ringparks wird im ISEK in den Bereichen Berliner Platz, am Hauptbahnhof und ebenso an der Friedensbrücke lokalisiert (ebd., 107).

Hinsichtlich der Freiraumsituation am Main wird im ISEK die fehlende Anbindung der Mainpromenade zu den angrenzenden Quartieren und die dominierende Parkplatznutzung am Main aufgezeigt (ebd., 46, 50). Dies betrifft besonders den nördlichen Teil des UG an der Friedensbrücke. Im ISEK wird festgestellt, dass der Parkplatz und das Heizkraftwerk im Norden des UG „zu einem abrupten Ende der Promenade am Main“ führen, „sodass kein klarer Übergang zum Kultur- und Kreativquartier besteht" (ebd., 50).

## 3.4 Verdolte Pleichachabschnitte

Auch Wasserflächen können Bestandteil von UGI sein beziehungsweise hierzu entwickelt und qualifiziert werden (Hansen et al. 2016, 14). Die Pleichach, ein Fließgewässer 2. Ordnung (LfU 2016, Kartendienst Gewässerbewirtschaftung), verläuft im nördlichen Teil der Innenstadt. Sie ist im UG weitgehend verdolt und mündet nördlich der Friedensbrücke in den Main. Verdolte Abschnitte befinden sich unter anderem im Untergrund des nördlichen Ringparks und des Bereichs Bahnhofplatz (ebd.). Nicht verdolt ist sie im etwa 15 Meter langem Abschnitt am Mündungspunkt, auf etwa 20 m Länge westlich und etwa 5 m Länge östlich am Parkhaus sowie in einem etwa 150 Meter langen Abschnitt zwischen Parkhaus und Grombühlbrücke. Hinsichtlich des Mündungsbereichs der Pleichach wird im ISEK Innenstadt auf Gestaltungsdefizite hingewiesen (ebd., 53).

# 4 Handlungs- und Maßnahmenempfehlungen

Vor dem Hintergrund der in Kapitel 3 aufgezeigten Handlungsfelder sind aus dem UGI-Konzept beispielhaft freiraumspezifische Handlungs- und Maßnahmenempfehlungen für die Würzburger Innenstadt entwickelt worden. Mit den Empfehlungen werden die Ziele und Prinzipien von UGI unter besonderer Berücksichtigung des Ziels „Förderung von Klimaanpassung und Resilienz“ (vgl. Kapitel 2) angestrebt.

Im Zusammenhang mit Handlungsansätzen und Maßnahmen zur Förderung von Klimaanpassung und Resilienz im urbanen Raum ist in der Bayerischen Klima-Anpassungsstrategie (BayKLAS) explizit die „Erhaltung und Verbesserung innerstädtischer Grünflächen sowie von Frischluftschneisen“ vorgesehen. (BayKLAS, 65)

Für die Würzburger Innenstadt werden in den ISEK Gesamtstadt und Innenstadt zur „Anpassung der Stadtentwicklung an den Klimawandel“ die „Reduktion der $CO_2$-Belastung durch den motorisierten Individualverkehr“ (MIV), Begrünungsmaßnahmen beziehungsweise die „Schaffung von dezentralen Grüninseln als Gegenmaßnahme zur Erwärmung von Stadtbereichen“, die „Weiterentwicklung von Hochwasserschutzmaßnahmen“ sowie die Anlage kleinerer dezentraler Wasserflächen empfohlen. (ISEK Gesamtstadt, 52; ISEK Innenstadt, 57)

Aus der Klimafunktionskarte von Burghardt et al. (2016) lässt sich für die Innenstadt die Erfordernis einer Erhöhung der Vegetation, einer Verbesserung der Retentionswirkung und einer Förderung der Belüftung ableiten. (ebd., 22, 24)

Im IKK werden „Pilotprojekte zur Klimaanpassung“ vorgeschlagen, welche „punktuell zur Entschärfung der Hitzeproblematik in der Stadt beitragen“ sollen. Im Rahmen dieser Pilotprojekte werden im IKK unter anderem die Umgestaltung beziehungsweise der Umbau der Straßenräume, die „Prüfung der Reduktion einzelner Stellplatzanlagen zugunsten einer Entsiegelung, Begrünung und Verbesserung der Aufenthaltsqualität“ sowie die „Schaffung von Stadtoasen“ vorgeschlagen. Die Auswirkungen der durchgeführten Maßnahmen sollen durch „begleitende Messungen von Temperatur und Luftfeuchtigkeit und die Befragung betroffener Akteure evaluiert“ werden. „Dadurch soll exemplarisch aufgezeigt werden, welche Bedeutung Maßnahmen zur Klimaanpassung besitzen und Politik sowie Öffentlichkeit zu weiteren Schritten motiviert werden“. „Abhängig von der Art der Maßnahme soll eine frühzeitige Einbindung interessierter und betroffener BürgerInnen über Bürgerbeteiligungsforen erfolgen.“ Auch soll im Rahmen der Pilotprojekte eine „frühzeitige intensive Sondierung und Prüfung geeigneter BMUB-Fördermaßnahmen“ stattfinden. (IKK, 173-175)

## 4.1 Entsiegelung von Verkehrsflächen zur Schaffung dezentraler Grünflächen und Erhöhung des Baumbestands im Bereich zwischen Ringpark und Main

Im Hinblick auf die Dominanz von Verkehrsflächen und das hohe Kraftfahrzeugaufkommen sowie die damit verbundenen Beeinträchtigung des Stadtklimas und der Luftqualität in der Innenstadt Würzburgs (vgl. Kapitel 3.1) kann UGI neben der abkühlenden Wirkung und der Verringerung des Wärmeinseleffekts (vgl. Kapitel 2) auch zur Verbesserung der Luftqualität beitragen, indem durch Bäume und andere Pflanzen Luftschadstoffe wie Feinstaub und Stickoxide gefiltert beziehungsweise absorbiert werden (vgl. Menke et al. 2013, 28-29).

Zur Steigerung des Vegetationsanteils in der Innenstadt empfehlen Burghardt et al. (2016) die Pflanzung von Stadtbäumen an geeigneten Standorten sowie die Anlage von Grünflächen. (ebd., 34) Im ISEK Innenstadt wird für zahlreiche Verkehrsflächen und Straßenräume der Innenstadt die Entsiegelung von Stellplätzen zur Schaffung von mehr Stadtgrün, insbesondere für Neupflanzungen von Bäumen, angeraten. Die „Entwicklung von Grünflächen, Entsiegelung und Bepflanzung mit Bäumen" soll nach dem IKK der Verbesserung des Stadtklimas in den „Hot-Spots im Überwärmungsbereich" dienen (IKK, 114). Als Klimaanpassungsmaßnahmen sind im IKK explizit „Umgestaltung/ Umbau der Straßenräume, Prüfung der Reduktion einzelner Stellplatzanlagen zugunsten einer Entsiegelung, Begrünung und Verbesserung der Aufenthaltsqualität" (ebd., 174) benannt.

In Anlehnung an das ISEK Innenstadt, das IKK und das Fachgutachten von Burghardt et al. (2016) und auf Grundlage des UGI-Konzepts wird für den Bereich zwischen Ringpark und Main auch hiermit die Entsiegelung von geeigneten innerstädtischen Verkehrsflächen, insbesondere von Stellplätzen, zu Gunsten von mehr Stadtgrün empfohlen.

Im Gegenzug könnten beispielsweise bei Neubauten im Zuge von Rückbaumaßnahmen und Nachverdichtung in der Innenstadt bauleitplanerische Maßnahmen getroffen werden, damit unterhalb neuer Gebäude Tiefgaragen zu errichten sind, um den ruhenden MIV dorthin zu verlagern. Zur „Verbesserung der innerstädtischen Parksituation" wird im ISEK Innenstadt unter anderem die „Prüfung der Möglichkeit des Anwohnerparkens in Parkhäusern und Tiefgaragen" vorgeschlagen, um Parkplätze für Anwohner zu sichern (ebd., 107). Eine verstärkte Zentrierung des ruhenden MIV auf einzelne Tiefgaragen, Parkdecks, Parkhäuser oder Park-and-Ride-Anlagen mit guter Verkehrsanbindung an den öffentlichen Personennahverkehr (ÖPNV) und mit überdachten Fahrrad- beziehungsweise Pedelec-Abstellplätzen, könnte ein Ansatz sein, um einen Kompromiss zur Verringerung des Anteils von Verkehrsflächen für den ruhenden MIV in der Würzburger Innenstadt zu finden. Im Laufe der weiteren Umsetzung von Maßnahmen wie der Verbesserung des ÖPNV-Netzes, der Förderung der Elektromobilität einschließlich Pedelecs sowie des Würzburger Carsharing- und Fahrradverleihsystems könnte auch eine grundsätzliche Reduktion der Gesamtzahl der Stellplätze für den MIV in der Würzburger Innenstadt angestrebt werden.

Neben der Steigerung von Klimaanpassung und Resilienz und der Verbesserung der Luftqualität werden grüne Freiräume in der Innenstadt auch zur wohnortnahen Erholung und Freizeitgestaltung benötigt (vgl. Kapitel 3.2). Mit einem Freiraumnetz im Sinne der UGI wird neben anderen Aspekten wie der „Entwicklung von Biotopverbundsystemen und Frischluftkorridoren" (Hansen et al. 2016, 16) „primär die bessere Verknüpfung von Wohngebieten mit dem städtischen Freiraumsystem" (ebd.) angestrebt. Zudem können vernetzte Grünsysteme als „fußgänger- und radfahrerfreundliches Netz aus Korridoren und Wegen" und somit als „Grundgerüst für nachhaltige Mobilität" entwickelt werden (ebd.).

Bäume haben ein hohes Potenzial zur Förderung von Klimaanpassung und Resilienz (vgl. Kapitel 2) und zum Beispiel auch zur Verbesserung der Luftqualität (vgl. auch Menke et al. 2013). Entscheidend sind geeignete Baumarten an geeigneten Standorten, passende Anordnung und Zusammenstellung sowie kontinuierliche Pflege der Bäume (Menke et al. 2013, 35). Werden hierbei Fehler gemacht, so können sich Baumpflanzungen unter Umständen sogar negativ auswirken, beispielsweise indem sie den Luftaustausch behindern, wie dies beim sogenannten „Tunneleffekt" geschehen kann (ebd.). Mit Letzterem wird der Fall bezeichnet, dass „in einer dicht geschlossenen Allee entlang einer vielbefahrenen Straße die Schadstoffkonzentration unter Umständen deutlich höher sein kann als in der Umgebungsluft" (ebd., 15). Hinsichtlich hitze- und trockenheitstoleranter

Stadtbaum-Arten, die sich für Pflanzungen in der Würzburger Innenstadt besonders eignen, sind aus den aktuell laufenden Forschungsprojekten im Bereich „Klimaschutz und grüne Infrastruktur in der Stadt“ des Zentrums Stadtnatur und Klimaanpassung (ZSK) der TUM sowie des aktuellen Forschungsvorhabens „Stadtgrün 2021: Neue Bäume braucht das Land!“ der Bayerischen Landesanstalt für Weinbau und Gartenbau (LWG) konkrete Ergebnisse zu erwarten. Zudem wird an der TUM beispielsweise aktuell untersucht, wie sich Trockenheitstoleranz auf das Potenzial unterschiedlicher Straßenbaumarten zur Regulierung des städtischen Mikroklimas auswirkt (Stratopoulos 2016, Abstract). Auch hieraus sind Ergebnisse mit deutlichem Bezug zur Würzburger Innenstadt zu erwarten. Bäume haben auch im Hinblick auf andere Ökosystemleistungen ein hohes Potenzial, zum Beispiel zur Förderung der biologischen Vielfalt. So können Baumpflanzungen zur Biotopvernetzung beitragen und beispielsweise der Förderung bestimmter Fledermausarten dienen. In der Würzburger Innenstadt könnten Baumpflanzungen insbesondere im und am Ringpark und am Main zur Verbesserung der Habitatqualität lokaler Fledermauspopulationen dienen (Frommer 2016, Experteninterview).

## 4.2 Verbesserung des Freiraumzusammenhangs im nördlichen Ringpark und am nördlichen Main-Abschnitt

Der weitaus größte Teil des Baumbestands im UG befindet sich im Ringpark. Für diesen sieht der Städtebauliche Rahmenplan die Verbesserung der Nutzungsqualität sowie hinsichtlich der Brüche im Freiraumzusammenhang am süd-westlichen Ende, am Berliner Ring, am Bahnhof (Busbahnhof, Vorplatz des Hauptbahnhofs und Parkplatz am Hauptbahnhof) und am nord-westlichen Ende eine Optimierung des Zugangs vor (ISEK Innenstadt, 65). Es wird im ISEK die „Entwicklung eines Gesamtkonzepts mit dem Ziel einer höheren Aufenthalts- und Nutzungsqualität“ empfohlen (ebd., 107). Bei der Weiterentwickung des Ringparks soll nach dem ISEK die „Bedeutung des Baumbestands im Park für das innerstädtische Klima“ berücksichtigt werden (ebd., 107). Auch die ursprüngliche historische Gestaltung des Parks soll beachtet und der historische Charakter gewahrt bleiben (ebd.). Der Bereich Busbahnhof, der im ISEK als gestalterischer Bruch der Ringstruktur des Ringparks betrachtet wird, war ursprünglich Teil des Ringparks (Kuhn 2016, Experteninterview). Eine Wiederanbindung dieses Bereichs an den Ringpark im Zuge dessen Umnutzung, Rückbau und Entsiegelung sowie der Verlagerung des Busbahnhofs nördlich des Ringparks wäre grundsätzlich eine Möglichkeit, um den Freiraumzusammenhang in diesem Bereich wiederherzustellen. Im ISEK Innenstadt wird das „Heranführen des Ringparks an den Main“ und hinsichtlich der Brüche am süd-westlichen und nord-westliche Ende des Ringparks dessen Anbindung an den Main empfohlen (ebd., 82).

Der Main wird im ISEK Gesamtstadt als "das zentrale, prägende landschaftliche Element in Würzburg" bezeichnet (ISEK Gesamtstadt, 52). Die Aufwertungs- und Entwicklungsmaßnahmen des ISEK umfassen auch die „Neugestaltung der Mainpromenade bis zum Kultur- und Kreativquartier“ (ISEK Gesamtstadt, 109). Für die Promenade wird die „Schaffung einer durchgängigen Wegeverbindung zwischen Alter Mainbrücke und Kultur- und Kreativquartier an der Wasserlinie“ vorgeschlagen, die zum Beispiel durch eine begleitende Baumreihe hervorgehoben werden könnte (ISEK Innenstadt, 82). Zudem wird unter anderem die „Neugestaltung, Neuordnung und Prüfung der Neunutzung der heutigen Stellplatzanlagen am Mainufer (...) zur Schaffung zusätzlicher Aufenthalts- und Nutzungsmöglichkeiten am Main“ vorgeschlagen (ebd.).

Die Klimafunktionskarte des IKK sieht für den nördlichen Bereich am Main die „Förderung klimatischer Wechselwirkungsvorgänge“ vor (IKK, 113). Zur Förderung des Luftaustauschs soll hier auch zu dichtes Grün vermieden und Luftleitbahnen geöffnet werden (ebd., 114).

Im Rahmen der Projektarbeit wird die Erweiterung des Ringparks im nördlichen Teil des UG empfohlen. Der Ringpark sollte an den Main angebunden und der Bereich Busbahnhof wieder in den Ringpark integriert werden (vgl. Planungshinweiskarte und Projektvorschläge in den Kapitel 5.1 und 5.5). An der Friedensbrücke könnte eine multifunktionale Grünanlage entstehen (vgl. Kapitel 5.1). Zur besseren Vernetzung der Mainpromenade mit dem „Kultur- und Kreativquartier“ wird eine Baumreihe vorgeschlagen, die nördlich der Friedensbrücke in den Bereich zwischen Heizkraftwerk und Entwässerungsbetrieb führen könnte. Auch südlich der Löwenbrücke wird im Bereich Kurt-Schumacher-Promenade die Anlage einer Baumreihe mit großem Pflanzabstand vorgeschlagen, soweit hierdurch der Luftaustausch zwischen Main und Innenstadt nicht beeinträchtigt wird. Am Main könnte die Durchgängigkeit der Uferpromenade verbessert werden. Für einige Randbereiche des Mains, in denen sich keine Schiffsanlegestellen befinden, könnte geprüft werden, ob naturnahe Bauweisen im Uferbereich zielführend und umsetzbar sind. Auch könnte untersucht werden, ob abschnittsweise zugänglichere, flachere Uferbereiche entwickelt werden können. Auf der dem UG gegenüberliegenden Mainseite befindet sich die Festung Marienberg und mit ihr das Flora-Fauna-Habitat-Gebiet „Fledermausquartiere in der Festung Marienberg“ (Geoportal Bayern 2016). Zur Verbesserung der Habitatqualität für Fledermäuse am Main, würden sich im Bereich der Mainpromenade und den teilweise angrenzenden Straßenräumen angepasste Beleuchtungen und strukturelle Verbesserungen der Habitatqualität eignen. (Frommer 2016, Experteninterview) Grundsätzlich trägt es nach Lewanzik und Voigt (2013) beispielsweise zum Schutz von Fledermäusen bei, Außenbeleuchtungen so anzubringen, dass das Licht gezielt nur dorthin gelenkt wird, wo es benötigt wird (Lewanzik et al. 2013, In: Held et al. 2013, 67).

## 4.3 Freilegung der Pleichach und Entwicklung begrünter Gewässerabschnitte

„Offene Wasserführung /-flächen zur ‚Stadtkühlung' (zu) etablieren“ wird im IKK vorgeschlagen (ebd., 174).

Das ISEK Innenstadt sieht für den Bereich an der Friedensbrücke die Prüfung einer Umgestaltung des Mündungsbereichs der Pleichach vor (ebd., 82).

Innerhalb des Ringparks sollte die Pleichach nach Müller und Kuhn nicht freigelegt werden, zum einen aus historisch-gestalterischen Gründen (Müller 2016, Experteninterview) und zum anderen, weil dazu vermutlich zahlreiche Bäume im Ringpark gerodet werden müssten (Kuhn 2016, Experteninterview).

Mit der vorliegenden Arbeit wird dazu geraten, die Pleichach im Bereich des bestehenden Quellenbachparkhauses (vgl. Kapitel 5.4), des nördlichen Busbahnhofs und des Posthallenareals freizulegen (vgl. Planungshinweiskarte). In diesen Bereichen sowie im Mündungsbereich und in den Abschnitten, in denen die Pleichach aktuell noch offen in massiven Betonsohlen verläuft, könnte sie zukünftig in mit Naturstein befestigten Raubettrinnen mit begleitender Begrünung verlaufen (vgl. Kapitel 5.4 und Planungshinweiskarte). Die Pleichach sollte damit aufgewertet und wieder als Fließgewässer wahrnehmbar werden.

## 4.4 Repräsentative Fassadenbegrünungen an öffentlichen Gebäuden und Förderung von Fassadenbegrünungen an privaten Gebäuden

Bauwerksbegrünungen, also Fassaden- und Dachbegrünungen, können die Klimaanpassung und Resilienz in Städten fördern und auch im Zusammenhang mit anderen strategischen Zielen und Prinzipien von UGI entscheidende Vorteile gegenüber unbegrünten Außenwänden beziehungsweise Flachdächern aufweisen.

Burghardt et al. (2016) raten für den Bereich des UG zu Bauwerksbegrünungen (Burghardt et al. 2016, 41) und im IKK werden Fassadenbegrünungen zur Verbesserung des Stadtklimas in den „Hot-Spots im Überwärmungsbereich" empfohlen (IKK, 114).

Dachbegrünungen sind in der Würzburger Innenstadt schon auf Grund der Dachformen des meist älteren Gebäudebestands nur sehr vereinzelt umsetzbar. Denn die dortigen Gebäude haben überwiegend Satteldächer, die zudem häufig eine relativ steile Dachneigung haben.

Für Fassadenbegrünungen (Vertikalbegrünungen) bestehen nach Frommer und Kuhn (2016) im Ensembleschutz beziehungsweise im häufig vorliegenden Baudenkmalschutz der meist älteren Gebäude Umsetzungseinschränkungen. Entsprechend dem Bayerischen Denkmal-Atlas (Geoportal Bayern 2016) steht der gesamte Innenstadtbereich vom Ringpark bis zum Main, also ungefähr 90 % der Würzburger Innenstadt, unter Ensembleschutz (BLfD 2016, Geoportal Bayern). Viele innerstädtische Gebäude sind zudem als Baudenkmal ausgewiesen (ebd.). Neuere Gebäude haben in der Innenstadt oft großflächig verglaste Fassaden. Auch hierin bestehen Beschränkungen der Realisierbarkeit von Fassadenbegrünungen (Frommer und Kuhn 2016, Experteninterview). Darüber hinaus gestaltet sich bei relevanten Privatgebäuden die Motivation der Eigentümer für Fassadenbegrünungen nach Müller (2016) häufig schwierig (Müller 2016, Experteninterview). Seitens privater Hauseigentümer bestehen offenbar häufig Bedenken, dass über Vertikalbegrünungen zum Beispiel Spinnen in größerem Umfang durch offene Fenster in die Innenräume gelangen (Müller 2016, Experteninterview). Insgesamt besteht in der Würzburger Innenstadt jedoch nach eigener Einschätzung ein wesentlich höheres Umsetzungspotenzial für Fassadenbegrünungen als für Dachbegrünungen, da Fassadenbegrünungen grundsätzlich nicht von der Dachform eines Gebäudes abhängen.

Bei Fassadenbegrünungen wird grundsätzlich zwischen bodengebundenen und wandgebundenen Begrünungsformen unterschieden. Zudem sind Kombinationen aus beiden Systemen möglich (Dettmar et al. 2016, 21). Die Bauweisen haben verschiedene Vor- und Nachteile (vgl. ebd., 23). Sowohl die Wahl der im konkreten Fall geeigneten Bauweise, als auch der geeigneten Pflanzenart, sind von vielen Faktoren abhängig. „Fassaden bzw. Wandaufbau, Begrünungssystem und Pflanze müssen aufeinander abgestimmt sein." (ebd., 25) Hinweise liefern in diesem Zusammenhang das Gutachten zu Fassadenbegrünungen von Dettmar et al. (2016) sowie aktuelle Forschungsaktivitäten des Zentrums Stadtnatur und Klimaanpassung (ZSK) der TUM. Seitens des ZSK finden in diesem Kontext derzeit auch Untersuchungen im Stadtgebiet Würzburg statt.

Fassadenbegrünungen dienen sowohl der Gebäudeoptimierung, als auch der Umfeldverbesserung (Dettmar et al. 2016, 10 ff.). Zur Gebäudeoptimierung tragen sie insbesondere bei, indem sie den Heiz- und Kühlbedarf im Gebäude reduzieren und einen Bauteilschutz gegen UV-Strahlung und Temperaturextreme darstellen können (ebd., 12, 14). In der Summe können Fassadenbegrünungen einen wirksamen Beitrag zur Verbesserung der Ökobilanz eines Gebäudes leisten (ebd., 12). Der Umfeldverbesserung dienen Fassadenbegrünungen unter anderem durch ihre abkühlende Wirkung auf die

Umgebung, wodurch sie auch zur Vermeidung der Überhitzung in städtischen Wärmeinseln beitragen können (ebd., 13). Der abkühlende Effekt von Fassadenbegrünungen kommt durch die Transpiration der Pflanzen und die Verschattung der Gebäudeoberfläche zustande (ebd.). Die Reduktion der lokalen Lufttemperatur durch Fassadenbegrünungen beträgt auf mikroklimatischer Ebene laut Pfoser (2016) im Mittel 1,3°C bei wandgebunden und 0,8°C bei bodengebunden Fassadenbegrünungen im Vergleich zu unbegrünten Fassaden (Pfoser, N. 2016; In: Dettmar et al. 2016, 15). Der Kühleffekt korreliert hierbei mit der Dichte der Vegetationsschicht (ebd.). Es ist allerdings davon auszugehen, dass die abkühlende Wirkung von Bauwerksbegrünungen auf ihr Umfeld weitaus geringer ist als beispielsweise die von Bäumen. Durch Photosynthese und Feinstaubbindung reduzieren Fassadenbegrünungen darüber hinaus Luftbelastungen und verbessern die Luftqualität in Städten, insbesondere in engen Straßenräumen (ebd., 14). Auch die urbane Biodiversität kann durch Fassadenbegrünungen gefördert werden, wenn diese zur lokalen Artenvielfalt beitragen und das Nahrungsangebot und die Habitatqualität erhöhen (ebd.). Fassadenbegrünungen sind in verdichteten, von Verkehr geprägten Innenstädten besonders vorteilhaft (ebd., 11) und eignen sich somit für die Würzburger Innenstadt in besonderer Weise.

Im Sinne des UGI-Konzepts wird empfohlen, großflächige und langfristige Fassadenbegrünungen in der Würzburger Innenstadt zu etablieren. Welche Begrünungsformen und Pflanzenarten sich jeweils für die konkret vorgesehene Fassade in der Innenstadt eignen, ist zu prüfen und entsprechend der jeweiligen Zielsetzungen abzuwägen.

Gebäude bieten auch „Potenzial für gebäudeintegrierte Artenschutzmaßnahmen wie den Einbau von Elementen zur Förderung von Gebäudebrütern und Fledermäusen beispielsweise im Zuge von Sanierungsmaßnahmen für energieeffiziente Bauweisen" (Hansen et al. 2016, 27). Zur Förderung gebäudebrütender Vogelarten und gebäudebesiedelnder Fledermausarten in der Würzburger Innenstadt wäre es im Sinne des multifunktionalen Ansatzes von UGI zielführend, wenn Fassadenbegrünungen an entsprechend geeigneten Gebäuden nach Möglichkeit mit gebäudeintegrierten Artenschutzmaßnahmen (Animal aided design) kombiniert werden.

**Repräsentative Fassadenbegrünungen an öffentlichen Gebäuden:**

Um in der Innenstadt repräsentative Fassadenbegrünungen mit Vorbildcharakter zu schaffen und über solche Positiv-Beispiele auch Privateigentümer von Gebäuden für Fassadenbegrünungen zu motivieren, könnten in der Würzburger Innenstadt an geeigneten, von der Stadt Würzburg genutzten Gebäuden Fassadenbegrünungen umgesetzt werden. Im Sinne der Vorbildfunktion der öffentlichen Hand könnte die Stadt Würzburg ein entsprechendes Pilotprojekt zur Klimaanpassung entwickeln, wie dies im IKK vorgeschlagen wird. In Kapitel 5.7 wird ein konkreter Projektvorschlag für eine repräsentative Fassadenbegrünung an einem öffentlich genutzten Gebäude als Pilotprojekt zur Klimaanpassung gegeben. Das Pilotprojekt sollte mit einer effektiven Öffentlichkeitsarbeit verbunden sein.

**Förderung von Fassadenbegrünungen an privaten Gebäuden:**

Um Privateigentümer von Gebäuden, die für Vertikalbegrünungen in Frage kommen, für entsprechende Maßnahmen zu motivieren, wären neben Beratungen und Anreizen durch finanzielle Förderungen sicherlich auch das Aufzeigen von Positiv-Beispielen von umgesetzten Fassadenbegrünungen an Gebäuden zielführend. Auch in diesem

Zusammenhang sollten repräsentative Fassadenbegrünungen an öffentlich genutzten Gebäuden in der Innenstadt in Verbindung mit einer effektiven Information der Würzburger Bevölkerung umgesetzt werden. Nach Dettmar et al. (2016) treten in der Bürgerinformation und Öffentlichkeitsarbeit im Rahmen der Förderung von Fassadenbegrünungen die Städte Hannover und Wien hervor (ebd., 8). Beim Förderprogramm ,Mehr Natur in der Stadt: Dach- und Fassadengrün in Hannover', kooperiert die Stadt Hannover mit dem Bund für Umwelt und Naturschutz Deutschland (BUND) (ebd.). Im Rahmen dieses Programms werden insbesondere Fassadenbegrünungen an mehrschichtigen Außenwandkonstruktionen finanziell gefördert, die mit Kletterhilfen versehen und von einem Fachbetrieb durchgeführt werden (ebd.). Die Förderung der Fassadenbegrünungen umfasst dabei stets auch eine Fachberatung (ebd.). Das Förderprogramm ,Fassadenbegrünung - Gute Gründe für grüne Wände' der Stadt Wien zeichnet sich unter anderem durch die Bereitstellung umfassender Informationsmaterialien auf der Internetseite der Stadt Wien sowie kostenlose Fachberatungen für Fassadenbegrünungen im Stadtgebiet aus (Dettmar et al. 2016, 8-9; Stadt Wien 2016). In Würzburg werden aktuell Fassadenbegrünungen an Privatgebäuden in einem anderen Bereich des Stadtgebiets anlässlich der Landesgartenschau 2018 in Würzburg bereits von der Stadt gefördert (Frommer 2016, Experteninterview). Die entsprechende Förderkulisse bildet aktuell der innenstadtnahe Bereich der Rottendorfer Straße zwischen dem Platzschen Garten und der Bundesstraße B 19 (ebd.). Damit grenzt die Förderkulisse östlich an den Ringpark. Es wäre zielführend, die Förderung von Fassadenbegrünungen auch auf private Gebäude in der Innenstadt zu übertragen. Die Bürgerinformation und Öffentlichkeitsarbeit im Zuge eines Förderprogramms für Fassadenbegrünungen in der Würzburger Innenstadt könnte auch genutzt werden, um die Würzburger Bürger insgesamt über die Ökosystemleistungen von UGI und speziell von Fassadenbegrünungen zu informieren und sensibilisieren. Als strategische Grundlage für ein Förderprogramm für Vertikalbegrünungen in der Würzburger Innenstadt könnte in Kooperation mit betreffenden Fachbehörden, aber auch unter Beteiligung von externen Akteuren wie beispielsweise lokalen Umwelt- und Naturschutzorganisationen ein informeller Plan erarbeitet werden, auf dem die Gebäude beziehungsweise Gebäudekomplexe in der Innenstadt dargestellt sind, die sich hinsichtlich ihrer Bauweise, ihrer Fassaden und ihres Standorts grundsätzlich für großflächige und langfristige Fassadenbegrünungen eignen würden. Zudem könnten Schwerpunktbereiche herausgearbeitet werden, in denen Vertikalbegrünungen in der Innenstadt im Sinne der Klimaanpassung und Resilienz besonders zielführend wären oder in denen sie aus anderen Gründen, beispielsweise zur Förderung der biologischen Vielfalt, sinnvoll wären. Die für den Denkmalschutz zuständige Fachabteilung Bauaufsicht der Stadt Würzburg sollte frühzeitig in die Erstellung einer solchen Karte eingebunden werden.

# 5 Projektvorschläge

Auf Basis der Handlungs- und Maßnahmenempfehlungen in Kapitel 4 sind in der Projektarbeit beispielhaft Projektideen für die Würzburger Innenstadt entwickelt worden. Eine Überprüfung der Realisierbarkeit und der möglichen klimatischen Auswirkungen der Projektvorschläge ist auf Grund des Umfangs im Rahmen der Projektarbeit nicht möglich gewesen.

## 5.1 Multifunktionale Grünanlage an der Friedensbrücke

Im nördlichen Teil des UG besteht unterhalb der Friedensbrücke am Main sowohl hinsichtlich der Mainpromenade, als auch im Hinblick auf den Ringpark ein Bruch in der Freiraumvernetzung (vgl. Kapitel 3.3).

In diesem Gebiet befindet sich ein bewirtschafteter Parkplatz. Dieser ist mit Asphalt vollversiegelt und wird zentral über Abläufe entwässert. Der Parkplatz grenzt westlich an die Mainpromenade, die dort als gepflasterter Gehweg entlang der Böschungslinie des in diesem Bereich recht steilen Hangs am Mainufer verläuft. Die Böschung ist in weiten Teilen durch eine alte steinerne Böschungs-sicherung befestigt, deren Steine sich an vielen Stellen bereits aus dem Verbund gelöst haben. Die offenen Stellen der Hangsicherung sind vielfach mit zum Teil auch größeren Gehölzen durchwachsen. Der Böschungsfuß und das Mainufer sind durch eine Blockschüttung mit Flussbausteinen befestigt. Das Gebiet liegt in einem festgesetzten Überschwemmungsgebiet des Mains (Ermittlungsdatum: 29.04.1997) (Bayerische Vermessungsverwaltung/ LfU 2016). Es ist als Hochwassergefahrenfläche „HQ häufig“ (Ermittlungsdatum: 31.05.2011) gekennzeichnet und somit bei einem häufigen Hochwasser betroffen. (ebd.) Die potenzielle natürlichen Vegetation (PNV) im Projektgebiet ist der „Flatterulmen-Stieleichen- im Komplex mit Silberweiden-Auenwald“ (FIN-Web 2016).

Abb.: Gehweg südlich der Friedensbrücke aus nördlicher Sicht (eigenes Photo vom 14.10.16; Bearbeitung mit Adobe Photoshop)

Abb.: Gehweg und Parkplatz südlich der Friedensbrücke aus südlicher Sicht (eigenes Photo vom 14.10.16; Bearbeitung mit Adobe Photoshop)

Das Projektgebiet befindet sich zwar im Bereich des innerstädtischen Ensembleschutzes, ist aber nicht als Boden- oder Baudenkmal ausgewiesen (vgl. BLfD 2016). Der westlich am Projektgebiet verlaufende Mainabschnitt ist Teil des Flusswasserkörpers „Main von Einmündung Mainkanal bis Einmündung Fränkische Saale“ (vgl. LfU 2016, Kartendienst Gewässerbewirtschaftung Bayern). Dieser ist als „Erheblich veränderter Wasserkörper“ eingestuft (ebd.).

Der Bereich, in dem das Projektgebiet liegt, wird im ISEK Innenstadt als „Übergangsbereich zwischen der Würzburger Innenstadt und dem Kultur- und Kreativquartier“ bezeichnet (ebd., 83). Der Städtebauliche Rahmenplan sieht hier eine „Neugestaltung des öffentlichen Raumes“ vor (ebd., 65). Im ISEK werden verschiedene freiraumspezifische Defizite im Bereich des Projektgebiets festgestellt: Zum einen wird die Barrierewirkung und Dominanz der Verkehrsräume sowie die damit einhergehende geringe Aufenthaltsqualität dargelegt (ebd.). Zum anderen wird darauf hingewiesen, dass die Zugänglichkeit des Mains hier „nicht gegeben oder nur schwer ablesbar“ ist und der „Mündungsbereich der in diesem Bereich unterirdisch geführten Pleichach in den Main (...) nicht erfahrbar“ ist (ebd.). Das ISEK schlägt für das Gebiet die Anbindung des Ringparks an den Main vor. (ebd., 82) An der „Schnittstelle der Verlängerung des Ringparks mit dem Mainufer“ zwischen der Friedensbrücke und Heizkraftwerk soll ein „prägnanter Aufenthaltsraum am Ufer geschaffen“ werden, zum Beispiel „in Form eines ‚Mainbalkons'“ (ebd., 85). Die Ziele einer Neugestaltung des Bereichs sollen unter anderem „die Gestaltung der Eingangssituation in das Quartier“, „die Schaffung von Aufenthaltsmöglichkeiten“ und „die Gewährleistung und gestalterische Umsetzung des Hochwasserschutzes“ umfassen (ebd., 84). Die Zugänglichkeit zum Main soll verbessert und der Mündungsbereich der hier derzeit weitgehend verrohrten Pleichach gestaltet werden (ebd., 83). Für den bestehenden

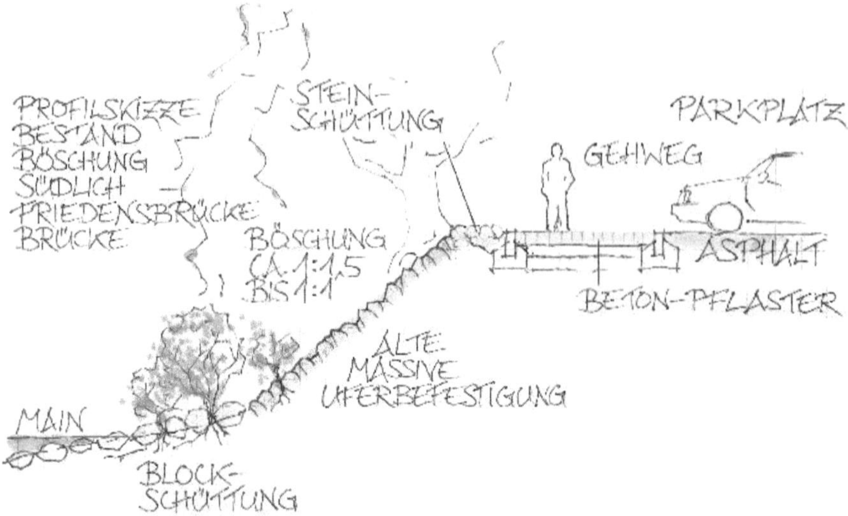


Abb.: Profilskizze zum Bestand südlich der Friedensbrücke aus südlicher Sicht (eigene Handzeichnung; Bearbeitung mit Adobe Photoshop)

Parkplatz sieht das ISEK als kurzfristiges Ziel die Gestaltung der Fläche sowie als langfristiges Ziel deren „Nutzungsänderung (...) als Ergänzung des Kultur- und Kreativquartiers“ vor (ebd.). Auf Grund seiner Lage am Main ist der Bereich in der

Klimafunktionskarte von Burghardt et al. als „Luftleitbahn" dargestellt (ebd., 24) und eignet sich somit zum bodennahen Transport von Luftmassen (ebd., 23). Auch in der Klimafunktionskarte des IKK wird für das Gebiet die „Förderung klimatischer Wechselwirkungsvorgänge" zur Verbesserung des Stadtklimas empfohlen (ebd., 113). Zur Förderung von Luftleitbahnen soll hier auch zu dichtes Grün vermieden und Luftleitbahnen geöffnet werden (ebd., 114). Für den Flusswasserkörper „Main von Einmündung Mainkanal bis Einmündung Fränkische Saale" umfasst das Maßnahmenprogramm 2016-2021 unter anderem die Maßnahmen „Massive Sicherungen (Ufer/ Sohle) beseitigen/ reduzieren", „Auflockern starrer monotoner Uferlinien" und „Durchgängigkeit in die Seitengewässer verbessern" (LfU 2016, Kartendienst Gewässerbewirtschaftung Bayern).

Im Rahmen der vorliegenden Arbeit wird für das Projektgebiet die großflächige Entsiegelung, Neugestaltung und Umnutzung zur Entwicklung einer multifunktionalen Grünanlage vorgeschlagen. Nach der Projektidee würde der Asphaltbelag des Parkplatzes ab der Unterkante der bestehenden Zufahrt entfernt werden. Östlich des vorhandenen Gehwegs würde eine extensive Rasenfläche angelegt werden. Weiter östlich würde sich eine Schotterrasenfläche anschließen, die bis zur bestehenden Zufahrt reichen könnte. Im Sinne der Förderung der biologischen Vielfalt sollte für die Entwicklung des Rasens und des Schotterrasens jeweils eine Initialsaat mit einer geeigneten Mischung autochthoner Kräuter und Gräser erfolgen (Herkunftsgebiet Süddeutsches Berg- und Hügelland). Hierzu kommen zum Beispiel spezielle zertifizierte Mischungen der Firmen Rieger-Hofmann GmbH oder Bingenheimer Saatgut AG in Frage. Die Grünfläche sollte als Aufenthaltsbereich insbesondere der Erholungs- und Freizeitnutzung dienen, aber auch anderweitig flexibel nutzbar sein. Die Schotterrasenfläche könnte zeitweise als Parkplatz, aber zum Beispiel auch als Veranstaltungsfläche dienen. „Für temporäre Parkplätze, Zufahrten (und) Veranstaltungsflächen sind Schotterrasen versickerungsfähige Alternativen zu Hartplätzen" (Zeh 2007, 303). Soweit davon auszugehen ist, dass dadurch der Luftaustausch zwischen Main und Innenstadt nicht gestört wird, würde zwischen dem Rasenbereich und dem Schotterrasen in einem relativ weiten Pflanzabstand eine Baumreihe gepflanzt werden. Für die Baumpflanzungen sollten geeignete Baumarten verwendet werden, die relativ resistent gegenüber Staunässe und Überschwemmungen sind. Nach Möglichkeit sollten standorttypische Bäume verwendet werden, die der lokalen PNV (Flatterulmen-Stieleichen- im Komplex mit Silberweiden-Auenwald) Rechnung tragen. Das gesamte Projektgebiet würde dezentral durch Versickerung entwässert werden. Um dies auch bei Starkregen zu gewährleisten, könnten dazu Rasenmulden werden. Soweit auf Grund der lokalen Bodenverhältnisse erforderlich, sollte eine Mulden- oder Rigolenversickerung mit sickerfähiger Schicht aus Kies oder Schotter eingebaut werden. Eine Außenmöblierung unter den Bäumen, die Anlage eines Fahrradstellbereichs und ein neues Beleuchtungskonzept könnten die Aufenthaltsqualität des Geländes zusätzlich erhöhen. Bei der Beleuchtung sollte im Sinne des Fledermausschutzes insbesondere darauf geachtet werden, dass das Licht gezielt nur dorthin gelenkt wird, wo es benötigt wird (vgl. Kapitel 4.2). Für die Uferböschung im Projektgebiet wird die Prüfung der Realisierbarkeit einer sukzessiven Umgestaltung in eine begrünte Steinschüttung als ingenieurbiologische Bauweise vorgeschlagen. Die Fugen und offenen Stellen der alten steinernen Hangsicherung sind vielfach bereits mit Gehölzen durchwachsen. Zur sukzessiven Entwicklung einer ingenieurbiologischen Ufersicherung könnten die Flussbausteine der vorhandenen Blockschüttung am Böschungsfuß und die Steine der bestehenden Böschungssicherung stellenweise reduziert werden und in den dadurch entstehenden zusätzlichen offenen Bodenstellen Weiden-Stecklinge eingesetzt werden. Möglicherweise könnte durch niedrigwüchsigere Ufergehölze der Luftaustausch zwischen Main und Innenstadt im Bereich des Projektgebiets verbessert werden. Sollte dies der Fall sein, empfiehlt es sich, Stecklinge von entsprechend niedrigwüchsigen Weidenarten zu nutzen beziehungsweise die Ufergehölze langfristig abschnittsweise zurückzuschneiden. Vorhandene größere Bäume in gesundem Zustand sowie Habitatbäume sollten erhalten bleiben. Auch sollte geprüft werden, ob die Umgestaltung der bestehenden Uferbefestigung in eine begrünte Steinschüttung bei einem HQ 100-Hochwasser in ihrer Funktion erhalten bleiben würde und ob die Maßnahme im Rahmen einer Unterhaltungsmaßnahme im Uferbereich (nicht als Ausbaumaßnahme im Sinne einer erheblichen Umgestaltung des Uferbereichs) umgesetzt werden könnte, um den Verwaltungsaufwand zu reduzieren.

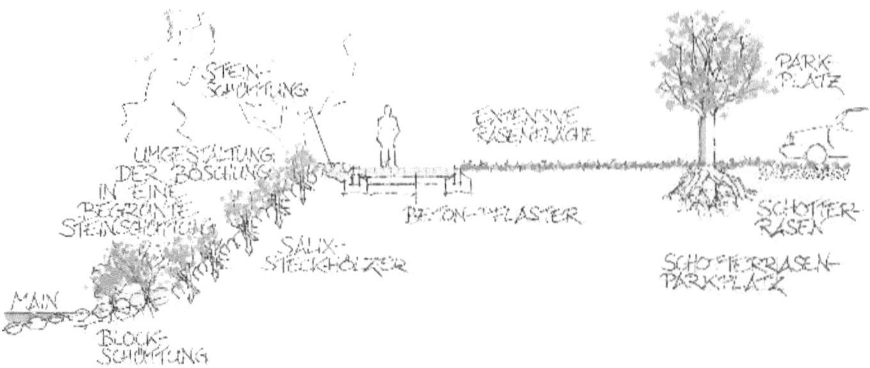


Abb.: Profilskizze zur Umgestaltung südlich der Friedensbrücke aus südlicher Sicht, Variante begrünte Steinschüttung (eigene Handzeichnung; Bearbeitung mit Adobe Photoshop)

Damit, wie im ISEK Innenstadt vorgeschlagen, ein „prägnanter Aufenthaltsraum am Ufer" in Form eines ‚Mainbalkons' (vgl. ebd., 85) entstehen kann, könnte im Projektgebiet eine hölzerne Steganlage errichtet werden. Diese sollte an die bestehende Promenade barrierefrei anschließen.

Abb.: Profilskizze zur Umgestaltung südlich der Friedensbrücke aus südlicher Sicht, Variante Steganlage (eigene Handzeichnung; Bearbeitung mit Adobe Photoshop)

Der Mündungsbereich der im Projektgebiet weitgehend verrohrten Pleichach könnte durch naturnahe Bauweisen umgestaltet werden. Im unmittelbar an das Heizkraftwerk angrenzenden Bereich kommt hierfür möglicherweise eine ähnliche Bauweise in Betracht, wie sie in Kapitel 5.4 für einen anderen Abschnitt der Pleichach vorgeschlagen wird.

Damit das vorgeschlagene Projekt zur Vernetzung des Ringparks mit dem Main beitragen kann, sollte auch die Wegeverbindung und die Querung der Veitshöchheimer Straße (Bundesstraße B 27) zum Ringpark für Fußgänger und Radfahrer verbessert werden.

## 5.2 Freiraum am Paradeplatz

Südlich des Würzburger Doms befindet sich ein bewirtschafteter Parkplatz, der mit Kopfsteinpflaster befestigt ist. An und zwischen den Stellplätzen wachsen zahlreiche Linden, die zum Teil relativ groß gewachsen sind. Im östlichen Bereich sind die Linden in zwei parallel verlaufenden Baumreihen gepflanzt worden. Im nord-östlichen Teil wächst eine große Solitär-Linde. Darunter ist ein Mahnmal zum Gedenken an die zur Zeit des Nationalsozialismus ermordeten Sinti und Roma errichtet. Drei weitere Linden sind im nord-westlichen Teilbereich als Gruppe gepflanzt. Nördlich grenzt der Parkplatz an die Hofstraße. Der Bereich steht unter Ensembleschutz und ist als Bodendenkmal ausgewiesen, es handelt sich jedoch um kein Baudenkmal (BLfD, 2016).

Der Städtebauliche Rahmenplan sieht für den Bereich des Paradeplatzes die „Neugestaltung" (im nördlichen Teil) beziehungsweise die „Anpassung des öffentlichen Raumes" (im südlichen Teil) vor (ISEK Innenstadt, 65). Im ISEK Innenstadt wird die „Akzentuierung der (...) Platzräume" an der Hofstraße und deren Anbindung an die Hofstraße als Hauptachse sowie die „Schaffung von Verweilmöglichkeiten zur Verbesserung der Aufenthaltsqualität" empfohlen (ebd., 74). Für den bestehenden Parkplatz wird im ISEK eine Prüfung der Reduktion der Stellplätze zugunsten punktueller Begrünungsmaßnahmen, Sitzgelegenheiten und Fahrradabstellanlagen vorgeschlagen, um die Aufenthaltsqualität im Umfeld des Doms zu verbessern (ebd.).

Auch für dieses Projektgebiet wird mit der Projektarbeit eine großflächige Entsiegelung, Neugestaltung, Umnutzung und weitere Begrünung angeraten. An Stelle des bisher lediglich als Parkplatz genutzten Bereichs könnte ein grüner Freiraum entstehen. Der Bereich könnte so stärker für Erholungs- und Freizeitzwecke nutzbar werden. Der Linden-Bestand sollte dabei erhalten und in die Umgestaltung des Platzes integriert werden, insbesondere da die vorhandenen Linden an die speziellen klimatischen Bedingungen vor Ort offenbar relativ gut angepasst sind. Durch weitere Pflanzungen hitze-, trockenheits- und stadtklimaverträglicher Baumarten und die Anlage extensiver Grünflächen oder extensiver Staudenflächen könnte mehr Stadtgrün im Projektgebiet etabliert und ein attraktiver Aufenthaltsbereich geschaffen werden. Bei einer Anlage extensiver Staudenflächen sollten heimische Stauden gepflanzt werden. Die Staudenarten sollten sich im Sinne der Förderung von Hautflüglern und Tagfaltern so zusammensetzen, dass insgesamt ein möglichst langer Blühzeitraum abgedeckt wird. In den Teilen des Projektgebiets, die nicht flächig begrünt werden, sollte das bestehende Kopfsteinpflaster weitgehend durch einen hellen, durchlässigen und möglichst barrierefreien Pflasterbelag (Ökopflaster) ersetzt werden. Entsprechende Betonsteinpflaster werden zum Beispiel von der Firma Kronimus AG angeboten. Im nördlichen Teilbereich des Projektgebiets würde es sich anbieten, schattige Sitzgelegenheiten unter den Bäumen zu schaffen. Das bestehende Mahnmal könnte in die Umgestaltung integriert werden. Wenn möglich, sollte der neue Freiraum vollständig dezentral entwässert werden. Hierzu könnte die Anlage eines Systems zur Mulden- oder Rigolenversickerung mit sickerfähiger Kies- oder Schotter-Schicht erforderlich sein.

## 5.3 Baumreihen im Randbereich des Residenzplatzes

Vom Paradeplatz aus führt die Hofstraße in östlicher Richtung zum etwa 250 Meter entfernten Vorplatz der Würzburger Residenz. Das Barockschloss Residenz ist seit 1981 als UNESCO-Welterbe anerkannt (Deutsche UNESCO-Kommission 2016). Der sich westlich an die Residenz anschließende Vorplatz ist sehr großflächig dimensioniert. Er ist gepflastert (Kopfsteinpflaster) und verfügt über keine Begrünung. Etwa zur Hälfte der

Fläche wird der Residenzplatz fast ganzjährig als bewirtschafteter Parkplatz genutzt. Mittig vor der Residenz befindet sich die historische Brunnenanlage Frankoniabrunnen. Nördlich und westlich grenzt der Platz direkt an die viel befahrenen Straßen Rennweg (nördlich) und Balthasar-Neumann-Promenade (westlich). Östlich schließt die Residenz mit Ihrer Fassadenseite an den Vorplatz an. Zwar steht der Residenzplatz unter Ensembleschutz und ist als Bodendenkmal ausgewiesen, er ist jedoch - im Gegensatz zum Hofgarten der Residenz - kein Baudenkmal (BLfD 2016).

Der Städtebauliche Rahmenplan sieht für den Bereich Residenzplatz die „Neugestaltung des öffentlichen Raumes" vor (ISEK Innenstadt, 65). Hierzu wird im ISEK Innenstadt ein „Gesamtkonzept zur Neugestaltung des Vorplatzes in ursprünglicher Ausdehnung" mit einer Einbindung der Balthasar-Neumann-Promenade empfohlen. Es wird unter anderem eine „Differenzierung des öffentlichen Raumes" angeraten, „um verschiedene Funktionsbereiche aufzuzeigen (Aufenthaltsraum, Verkehrsraum etc.)" (ebd., 74). Im ISEK wird auch die „Reduzierung des Stellplatzangebotes zur gestalterischen Aufwertung der Residenz" sowie die „Prüfung der langfristigen Reduzierung der Stellplätze auf Null im Rahmen eines Parkplatzkonzeptes" empfohlen (ebd.).

Als UGI-Projekt wird die Anlage einer Baumreihe in drei Abschnitten im nördlichen und westlichen Randbereich des Vorplatzes vorgeschlagen. Bei der Pflanzung sollte eine hitze- und trockenheits-resistente Stadtbaumart verwen-det werden. Die Lage der Abschnitte und der Pflanzabstand der Bäume sollten so gewählt werden, dass die Sicht auf den Vorplatz, insbesondere die bestehenden Sichtachsen von der Hofstraße und der Theaterstraße auf die Residenz, nicht durch die Bäume verdeckt werden und die weiträumige Wirkung des Vorplatzes so erhalten bleibt. Durch die vorgeschlagenen Baumreihen könnte der Platz eine klare Raumkante als Abgrenzung zum derzeit direkt anschließenden, stark befahrenen Straßenraum erhalten. Dadurch könnte der historische Platzcharakter stärker hervorgehoben werden. Die westlichen Baumreihen sollten in der Flucht der bestehenden Allee der Balthasar-Neumann-Prome-nade angelegt werden und dadurch gestalterisch an die Allee anschließen. Langfristig sollte der Vorplatz weniger stark als Parkplatz genutzt und als Aufenthaltsbereich für Erholungs- und Tourismuszwecke stärker nutzbar werden. Durch schattige Sitzgelegenheiten unter den geplanten Bäumen mit Blick auf die Residenz könnte die Aufenthalts-qualität des Platzes deutlich gesteigert werden. Zwischen den Baumreihen und dem nördlichen und westlichen Straßenraum könnte ein heller, barrierefreier und möglichst durchlässiger Pflasterbelag verwendet werden. Hier könnte ein Geh- und Radweg entstehen, der den bestehenden Weg an der Balthasar-Neumann-Promenade nach Norden hin fortführt.

Der Residenzplatz befindet sich im Eigentum des Freistaats Bayern und für eine Umsetzung des Projektvorschlags ist die Abstimmung mit der Bayerischen Verwaltung der staatlichen Schlösser, Gärten und Seen erforderlich.

## 5.4 begrünter Pleichach-Abschnitt im Bereich Haugerglacisstraße

Östlich des Würzburger Hauptbahnhofs befindet sich ein weiterer Parkplatz und das Quellenbachparkhaus. Das Parkhaus hat eine längliche Grundfläche und liegt an der Haugerglacisstraße. Unterhalb des Parkhauses verläuft die Pleichach (auch Quellenbach) verdolt, jeweils östlich und seitlich davon ist sie in kurzen Abschnitten kanalisiert, aber nach oben hin offen. Im etwa 20 m langen Abschnitt westlich des Parkhauses fließt die Pleichach in einer Betonsohle. Der in diesem Bereich relativ große Höhenversatz zwischen der Pleichach und ihrem baulichen Umfeld wird durch massive Betonstützmauern überwunden. Oberhalb des Abschnitts verlaufen offene Rohrleitungen.

Das Projektgebiet liegt im amtlich festgesetzten Überschwemmungsgebiet der Pleichach (Ermittlungsdatum: 08.03.2011) und ist als Hochwassergefahrenfläche HQ 100 (Ermittlungsdatum: 08.03.2011) gekennzeichnet, also bei einem hundertjährlichen Hochwasser betroffen (Bayerische Vermessungsverwaltung/ LfU, 2016).

In den bestehenden Verkehrs- und Parkplatzflächen östlich des Hauptbahnhofs wird im ISEK Innenstadt eine „gestalterisch und funktional unbefriedigende Lösung" gesehen (ebd., 52). Das Quellenbachparkhaus ist „stark sanierungsbedürftig" (ebd.). Der Städtebauliche Rahmenplan sieht für den Bereich Quellenbachparkhaus eine „Aufwertung" vor (ebd., 65).

Abb.: Quellenbachparkhaus aus westlicher Sicht (eigenes Photo vom 06.11.16; Bearbeitung mit Adobe Photoshop)

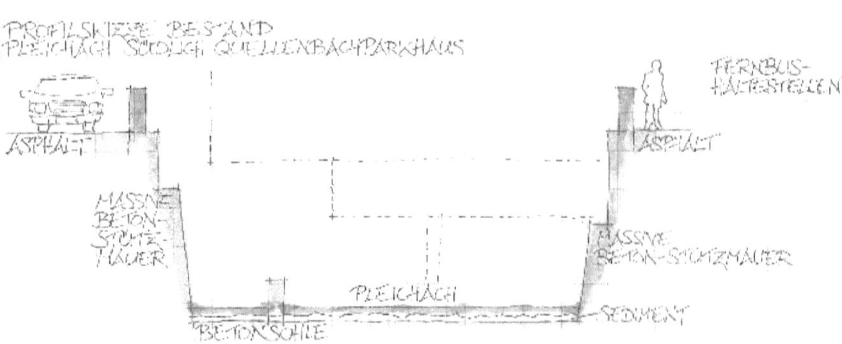


Abb.: Profilskizze zum Bestand der Pleichach westlich des Quellenbachparkhauses aus westlicher Sicht (eigene Handzeichnung; Bearbeitung mit Adobe Photoshop)

Mit der vorliegenden Arbeit wird der Rückbau des Quellenbachparkhauses und im Zuge dessen die abschnittsweise Freilegung und Umgestaltung der Pleichach in diesem Bereich empfohlen. Die Betonstützmauer und die Betonsohle im offenen westlichen Pleichach-Abschnitt sollte ebenfalls rückgebaut und entsiegelt werden. Der Höhenversatz könnte durch eine begrünte Trocken-Blocksteinmauern aus massiven Bruchsteinen aus fränkischem Muschelkalk überwunden werden. Die Stützmauer könnte dadurch Assoziationen mit den vom Projektgebiet aus gut sichtbaren Weinbergen mit den dortigen Kalksteinmauern wecken. Eine Vertikalbegrünung der Blocksteinmauer könnte zum Beispiel in ingenieurbiologischer Bauweise erfolgen, indem die Fugen der Mauer bepflanzt werden. Dazu sollten die Steine während des Aufbaus in vegetationsfähigen Boden gebettet und zur Begrünung zum Beispiel geeignete Steckhölzer in die Fugen gelegt werden (Zeh 2007, 295), Die Steckhölzer sollten dabei länger als die Steintiefe sein und bis in den gewachsenen Boden reichen (ebd., 293).

An Stelle der vorhandenen Betonsohle könnte das Gewässerbett der Pleichach und ihr Uferbereich in einer naturnäheren Bauweise angelegt und ingenieurbiologisch gesichert werden. Möglicherweise könnte die Pleichach in einer begrünten Raubettrinne aus Naturstein (Kalkstein) verlaufen und ihr Uferbereich durch eine begrünte Steinschüttung (Kalkstein) gesichert werden. Auch im Uferbereich könnten dazu zum Beispiel Stecklinge niedrigwüchsiger Weiden-Arten verwendet werden.

Abb.: Profilskizze zur Umgestaltung des Pleichach-Abschnitts (nicht frei zugänglich) südlich des Quellenbachparkhauses aus südlicher Sicht (eigene Handzeichnung; Bearbeitung mit Adobe Photoshop)

Je nach Flächenverfügbarkeit könnte die Pleichach zwischen den seitlichen Blocksteinmauern auch zumindest leicht mäandrierend verlaufen, der Uferbereich durch eine Treppe zugänglich gemacht und zum Beispiel Muschelkalkblöcke als Sitzgelegenheiten verwendet werden.

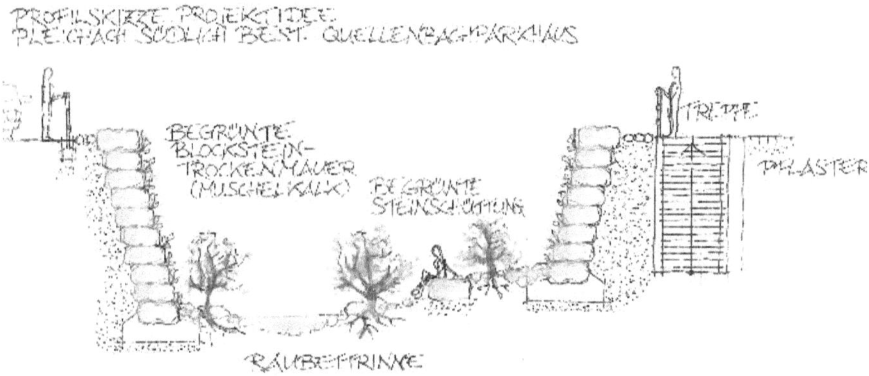


Abb.: Profilskizze zur Umgestaltung des Pleichach-Abschnitts als frei zugänglicher Bereich südlich des Quellenbachparkhauses aus südlicher Sicht (eigene Handzeichnung; Bearbeitung mit Adobe Photoshop)

## 5.5 Grünanlage am Hauptbahnhof als Erweiterung des Ringparks

Auf der westlichen Seite des Würzburger Hauptbahnhofs liegt zwischen dem Bahnhofsvorplatz und der Bismarckstraße der Busbahnhof der Würzburger Versorgungs- und Verkehrs-GmbH (WVV). Auch in diesem Bereich ist die Pleichach verdolt. Der Busbahnhof ist weitgehend asphaltiert, es befinden sich dort jedoch auch einige Bäume und einzelne Grünflächen. Südlich des Projektgebiets verläuft ein Gehweg, der durch eine schmale Grünfläche vom stark befahrenen Röntgenring getrennt ist. Westlich grenzt der Busbahnhof an die Bismarckstraße. Östlich befinden sich Pavillons, in denen vor allem kleine Bistros angesiedelt sind.

Der Busbahnhof wird im ISEK Innenstadt als gestalterischer Bruch der Ringstruktur des Ringparks betrachtet (vgl. Kapitel 3.3). Auch im Zusammenhang mit dem Hauptbahnhof weist er nach dem ISEK „eine mangelhafte gestalterische Integration in die Gesamtanlage" auf (ebd., 51). Der bauliche Zustand der östlich angrenzenden Pavillons wird im ISEK als „verbesserungsbedürftig" beurteilt (ebd.). Der Städtebauliche Rahmenplan sieht für den Bereich Busbahnhof die „Neugestaltung des öffentlichen Raumes" vor (ebd., 65). In der Klimafunktionskarte von Burghardt et al. (2016) ist das Gebiet als „Luftleitbahn" dargestellt (Burghardt et al. 2016, 24).

Der heutige Busbahnhof war einst Teil des Ringparks. Eine Wiederanbindung dieses Bereichs an den Ringpark im Zuge einer Neugestaltung und Umnutzung verbunden mit einer Verlagerung des Busbahnhofs in Bereich nördlich des Ringparks wäre eine Option, den Freiraumzusammenhang des Ringparks in diesem Bereich wiederherzustellen.

Abb.: Busbahnhof mit Grünflächen aus nordwestlicher Sicht (eigenes Photo vom 06.11.16, Panorama-Darstellung; Bearbeitung mit Adobe Photoshop)

Für das Projektgebiet wird als UGI-Projekt die Entwicklung einer Grünanlage zur Wiedervernetzung des Areals mit dem Ringpark empfohlen. Die Verkehrsflächen sollten dazu entsiegelt und die überdachten Wartebereiche der Haltestellen rückgebaut werden. Es sollte geprüft werden, ob es im Sinne der Förderung von Klimaanpassung und Resilienz sowie zur Verbesserung der Luftqualität in der Innenstadt zielführend ist, im Projektgebiet entweder eine Kaltluftschneise mit entsprechend geringer Rauigkeit, also ohne weitere Baumpflanzungen, zu schaffen oder einen eher dichten Baumbestand zur Frischluftproduktion zu entwickeln. Im Zuge eines Rückbaus des bestehenden Busbahnhofs wird empfohlen, diesen in den Bereich der Posthallen nördlich des Ringparks zu verlagern, für den ohnehin eine Neubebauung vorgesehen ist. Der Busbahnhof könnte ebenerdig in eine Neubebauung integriert werden. So bildet beispielsweise der Zentrale-Omnibus-Bahnhof München das Erdgeschoss eines mehrstöckigen Gebäudekomplexes, in dessen oberen Etagen sich unter anderem Cafés und Bistros befinden.

## 5.6 Freiraum Kardinal-Faulhaber-Platz

Südwestlich gegenüber dem Vorplatz des Mainfranken-Theaters Würzburg befindet sich der Kardinal-Faulhaber-Platz. Dieser wird bislang als gebührenpflichtiger Parkplatz genutzt. Er ist weitgehend asphaltiert und bisher in eher geringem Maße begrünt. Trotz der weitgehenden Versiegelung befinden sich auch einige größere Bäume auf dem Parkplatz. Auch sind im Randbereich zum Teil linear angelegte Heckenstrukturen vor-handen. Neben der Blickbeziehung zum Mainfranken-Theater besteht am nördlichen Rand des Parkplatzes entlang der Theaterstraße eine Sichtachse zur Residenz und deren Vorplatz, welche auch beim Projektvorschlag in Kapitel 5.3 (Baumreihen im Randbereich des Residenzplatzes) berücksichtigt worden ist.

Im ISEK Innenstadt kommen Schulten et al. (2012) zu der Einschätzung, dass auf dem „durch seine aktuelle Nutzung als Parkplatz und eine fehlende räumliche Fassung" geprägten Kardinal-Faulhaber-Platz das „vorhandene Potenzial in der direkten Nachbarschaft des Mainfrankentheaters und der Residenz" derzeit nicht genutzt wird. (ebd., 76)

Der Städtebauliche Rahmenplan sieht für den Bereich die „Neugestaltung des öffentlichen Raumes" vor (ISEK Innenstadt, 65). Im ISEK wird für das Projektgebiet die „Klärung des Nutzungsschwerpunkts", die „Schaffung städtischer, möglichst kleinteiliger Nutzungen" sowie der „Erhalt eines Platzbereiches" vorgeschlagen (ebd., 79). Die Verkehrsbelastung sollte hier nach dem ISEK im Rahmen eines übergeordneten Verkehrskonzepts langfristig reduziert werden (ebd.).

In der Klimafunktionskarte des Klimaplanatlas von Burghardt et al. (2016) ist der Kardinal-Faulhaber-Platz als Gebiet mit „Überwärmungspotenzial" eingestuft, während die bebauten angrenzenden Bereiche mit der Kategorie „Moderate Überwärmung" klassifiziert worden sind (ebd., 24). Gebiete der Kategorie „Überwärmungspotenzial" werden in der Klimafunktionskarte als „Baulich geprägte Gebiete mit hohem Vegetationsanteil oder Offenheit, sowie moderatem nächtlichen Abkühlungspotenzial" definiert, in denen die „Belüftung (...) durch Bebauung eingeschränkt (sein) kann" (ebd., 22, 24). Da der Vegetationsanteil in dem Projektgebiet eher gering ist, ist davon auszugehen, dass hier eher die Offenheit des Platzes maßgeblich dafür gewesen ist, dass der Platz nicht wie die angrenzenden Bereiche als „Moderate Überwärmung", sondern lediglich als „Überwärmungspotenzial" kategorisiert worden ist.

Die Umnutzung und Neugestaltung des Kardinal-Faulhaber-Platzes ist seitens der Stadt Würzburg vorgesehen. Die planerischen Rahmenbedingungen hierfür sind noch nicht abschließend festgelegt worden.

Vor diesem Hintergrund wird für das weitere planerische Vorgehen eine umfassende Analyse und Bewertung der Auswirkungen der verschiedener Planungsvarianten auf das Stadtklima empfohlen. Darin sollten sowohl die mikroklimatischen Auswirkungen, als auch die Folgen möglicher Veränderungen der Rauigkeit auf das weitere Umfeld des Kardinal-Faulhaber-Platzes betrachtet werden. Auch die möglichen Auswirkungen durch Veränderungen der Begrünungsform sollten hierbei mitbedacht werden. Insgesamt sollte das Potenzial von Stadtgrün insbesondere zur Klimaanpassung und Verbesserung der Resilienz in die Abwägung im Rahmen des laufenden Planungsprozesses einbezogen werden.

Hinsichtlich der vorgesehenen Umnutzung und Neugestaltung des Kardinal-Faulhaber-Platzes wird die stärkere Begrünung und die multifunktionale Nutzung des Gebiets empfohlen. Der bestehende Parkplatz oder zumindest ein großer Teil des Bereichs sollte in einen begrünten multifunktionalen Freiraum umgewandelt werden. Die zukünftige Begrünungsform sollte von den Ergebnissen der Untersuchung der klimatischen

Auswirkungen abhängen. Soweit dies in diesem Zusammenhang zielführend ist, sollten hitze- und trockenheitsverträgliche Stadtbaumarten mit ausladenden Kronen im Projektgebiet gepflanzt werden. Gegebenenfalls sollten bei den Baumpflanzungen die Blickbezüge zum Mainfrankentheater und zur Residenz berücksichtigt werden. Der Bereich sollte stärker als bisher für Erholungs- und Freizeitzwecke nutzbar werden und seine Aufenthaltsqualität erhöht werden. Das Projektgebiet sollte daher extensive Grünflächen umfassen, die für Freizeitaktivitäten und zur Erholung öffentlich nutzbar sind. Zur Förderung des lokalen Wasserhaushalts, der Erhöhung der Evapotranspiration und zur Entlastung der Kanalisation bei Starkregen sollte das Gebiet möglichst weitgehend durch Versickerung entwässert werden. Um diese Entwässerungsform zu gewährleisten, würde es sich zum Beispiel anbieten, in Bereichen, die nicht bebaut, aber befestigt angelegt werden sollen, einen durchlässigen Pflasterbelag mit hohem Abflussbeiwert zu verwenden und diesen beispielsweise über eine Schachtversickerung zusätzlich zu entwässern. Der Pflasterbelag sollte zudem hell sein, um die Aufheizung des Belags zu minimieren, und möglichst barrierefrei sein. Falls ebenerdige Teile des Projektgebiets flächig begrünt werden sollen, könnte in diese Bereichen neben der flächigen Versickerung eine Mulden- oder Rigolenversickerung mit einer sickerfähigen Schicht aus Kies oder Schotter eingebaut werden, soweit dies erforderlich ist.

Falls beschlossen werden sollte, dass ein Teil des Projektgebiets bebaut wird, so sollte hierbei darauf geachtet werden, dass die Barrierewirkung für den lokalen Luftaustausch auf ein möglichst geringes Maß reduziert wird. Hierzu könnte es grundsätzlich beitragen, wenn ein Gebäude in diesem Bereich eine möglichst geringe Grundfläche und eine möglichst niedrige Gebäudehöhe beziehungsweise Geschosszahl aufweist. Auch eine Ausrichtung des Gebäudes entsprechend der lokalen Luftaustauschbahnen wäre in dieser Hinsicht sicherlich von Vorteil. Zudem wird im Falle einer Teilbebauung eine umfassende und dauerhafte Bauwerksbegrünung, die dezentrale Entwässerung des Niederschlagswassers von den Dachflächen zum Beispiel über eine Schachtversickerung sowie eine effiziente Verlagerung der Stellplätze für den ruhenden MIV in eine Tiefgarage unterhalb des Gebäudes empfohlen.

## 5.7 Fassadenbegrünung am Gebäude Karmelitenstraße 43

Als Pilotprojekt zur Klimaanpassung im Sinne des IKK (vgl. Kapitel 4.4) wird die Anlage einer repräsentativen Fassadenbegrünung an der Ost-Fassade des Gebäudes Karmelitenstraße 43 empfohlen. Dieses mehrstöckige Gebäude befindet sich in der Gebäudezeile zwischen den Straßen Mainkai beziehungsweise Krämergasse und Karmelitenstraße. In diesem Haus befindet sich das „Aktivbüro der Stadt Würzburg – Bürgerengagement Selbsthilfe Gesundheitsförderung“, der „Förderverein Abenteuerland Integrative und Präventive Kinder- und Jugendprojekte e.V“ sowie das „Selbsthilfebüro“ der Stadt Würzburg. Die Gebäudezeile verläuft in Nord-Süd-Richtung parallel zum Main. Es ist davon auszugehen, dass die Gebäudezeile den Luftaustausch zwischen Main und Innenstadt beeinträchtigt. Der Gebäudekomplex ist zwar vom innenstädtischen Ensembleschutz betroffen, ein Baudenkmal liegt hier jedoch nicht vor (BLfD 2016, Geoportal Bayern). Der für die Fassadenbegrünung vorgeschlagene Bereich der Ostfassade des Gebäudes hat die Vorteile, dass hier im Zugangsbereich des Gebäudes große Flächen ohne Fenster vorliegen und eine Sichtachse vom Ulmer Hof entlang der Bronnbachergasse auf die betreffenden Flächen besteht. Die Fassadenbereiche werden auch insbesondere von Osten her von der Sonne beschienen. Es sollte geprüft werden, ob hier die Möglichkeit besteht, eine großflächigen und langfristigen Fassadenbegrünung im Sinne eines repräsentativen Positiv-Beispiels zu etablieren. Welche Begrünungsform und Pflanzenart sich für das vorgeschlagene Pilotprojekt konkret eignet, ist entsprechend zu prüfen und abzuwägen (vgl. Kapitel 4.4).

# 6 Zusammenfassung

In der Würzburger Innenstadt besteht im Hinblick auf die strategischen Ziele des UGI-Konzepts in der Förderung von Klimaanpassung und Resilienz besonderer Handlungsbedarf. Daher ist dieses Ziel in der vorliegenden Arbeit priorisiert worden. Gleichzeitig sind Synergien mit möglichst vielen strategischen Zielen und Planungsprinzipien des UGI-Konzepts angestrebt werden. (vgl. Kapitel 2)

Die Handlungsfelder, in derer in der Projektarbeit versucht wurde, auf Grundlage des UGI-Konzepts beispielhaft Lösungsansätze für die Innenstadt Würzburgs zu entwickeln, betreffen insbesondere die Brüche in der innerstädtischen Freiraumvernetzung sowie die Dominanz von Verkehrsflächen einerseits und den Mangel an grünen Freiräumen und Bäumen im Gebiet zwischen Ringpark und Main andererseits. Ein weiteres Handlungsfeld stellt der weitgehend verdolte Verlauf der Pleichach im UG dar. (vgl. Kapitel 3)

Aus dem UGI-Konzept lassen sich umfassende freiraumspezifische Handlungs- und Maßnahmenempfehlungen und konkrete Projektvorschläge hinsichtlich der aufgezeigten Handlungsfelder ableiten. (vgl. Kapitel 4 und 5) Bei der Entwicklung der Empfehlungen und Projektideen ist versucht worden, die Ziele und Prinzipien des UGI-Konzepts auf die Würzburger Innenstadt beziehungsweise das jeweilige Projektgebiet zu übertragen. Es ist ermittelt worden, dass für die Schaffung dezentraler Grünflächen und die Erhöhung des Baumbestands zwischen Ringpark und Main Entsiegelungen von Verkehrsflächen erforderlich sind. (vgl. Kapitel 4.1) Die Anlage dezentraler grüner Freiräume wird in den Bereichen Paradeplatz und Kardinal-Faulhaber-Platz vorgeschlagen. (vgl. Kapitel 5.2 und 5.6) Zur Verbesserung der Freiraumvernetzung im nördlichen Ringpark und am nördlichen Main-Abschnitt wird die Entwicklung von Grünanlagen an der Friedensbrücke und am Hauptbahnhof empfohlen. (vgl. Kapitel 5.1 und 5.5) Neupflanzungen von Bäumen werden für die Bereiche Friedensbrücke, Paradeplatz und Residenzplatz angeraten. (vgl. Planungshinweiskarte) Für einen Abschnitt der Kurt-Schumacher-Promenade, die vorgeschlagene Grünanlage am Hauptbahnhof und den Kardinal-Faulhaber-Platz werden Baumpflanzungen empfohlen, soweit dies der Kaltluftzufuhr beziehungsweise dem Luftaustausch in diesen Bereichen nicht entgegensteht. Bei den Baumpflanzungen in der sollten hitze- und trockenheitstolerante Stadtbaum-Arten verwendet werden. (vgl. Kapitel 4.1) Durch die Neuanlage grüner Freiräume und die Neupflanzungen von geeigneten Bäumen können Klimaanpassung und Resilienz der Innenstadt sowie Gesundheit und Wohlbefinden der Stadtbewohner gesteigert werden, indem entsprechende Ökosystemleistungen geschaffen beziehungsweise gezielt gefördert werden. Die Aufenthaltsqualität in der Innenstadt könnte durch mehr Stadtgrün erhöht und Erholungs- und Freizeitnutzungen ermöglicht werden. Die neuen Freiräume in den Innenstadt sollten möglichst multifunktional konzipiert werden. Für die Pleichach wird die Freilegung und Entwicklung begrünter Abschnitte empfohlen. (vgl. Kapitel 4.3, 5.1 und 5.4) Es wird die Entwicklung repräsentativer Fassadenbegrünungen an öffentlichen Gebäuden sowie die Förderung von Fassadenbegrünungen an privaten innerstädtischen Gebäuden empfohlen. (vgl. Kapitel 4.4) In diesem Kontext zu einem Pilotprojekt zur Klimaanpassung geraten. Die Fassade des Gebäudes Karmelitenstraße 43 würde sich möglicherweise für ein solches Pilotprojekt eignen. Wo dies zielführend und realisierbar ist, sollten Fassadenbegrünungen mit Gebäudesanierungen im Sinne energieeffizierten Bauens und mit gebäudeintegrierten Artenschutzmaßnahmen zur Förderung von Gebäudebrütern und gebäudebesiedelnden Fledermausarten kombiniert werden.

# 7 Fazit

Die in der Projektarbeit entwickelten freiraumspezifischen Empfehlungen und Projektvorschläge sollen beispielhaft aufzeigen, welches Potenzial das UGI-Konzept für die innenstädtische Freiraumentwicklung aufweisen kann.

Insgesamt zeigt die Arbeit, dass das Konzept auch für eine Innenstadt mit hoher Bebauungsdichte und hohem Versiegelungsgrad ein breites Spektrum an Entwicklungsmöglichkeiten bietet.

Die Empfehlungen sollen Beispiele für konkrete Umsetzungsmöglichkeiten des UGI-Ansatzes sein. Sie sollten nicht als eine Art Maßnahmenkatalog verstanden werden und es besteht keinesfalls Anspruch auf eine vollständige Ausschöpfung des Potenzials des Konzepts für die Entwicklung der Würzburger Innenstadt.

Die durchgeführten leitfadengestützten Experteninterviews haben sich als effektive qualitative Methode zur Ermittlung von Handlungspotenzialen und zur Entwicklung von Lösungsansätzen zu konkreten freiraumspezifischen Problemstellungen auf Basis des UGI-Konzepts erwiesen.

UGI erfordert „transdisziplinäres Denken und ressortübergreifende Zusammenarbeit vielfältiger staatlicher und nicht staatlicher Akteure" (Hansen et al. 2016, 8) und wird „unter Beteiligung der Stadtbevölkerung strategisch geplant, erhalten und entwickelt" (ebd., 7). Diesem Anspruch konnte im Rahmen einer Projektarbeit nicht Rechnung getragen werden. Die vorliegende Arbeit kann aber als planerische Argumentations- oder Diskussionsgrundlage dienen, den Ausgangspunkt für die Entwicklung eines teilräumliches Konzepts für die UGI in der Würzburger Innenstadt bilden oder für die Entwicklung eines gesamtstädtischen Konzepts herangezogen werden.

# 8 Ausblick

Auf Grund der im UGI-Forschungsprojekt und der Projektarbeit gewonnenen Erkenntnisse wird empfohlen, ein gesamtstädtisches Konzept zur strategischen Planung, Erhaltung und Entwicklung der UGI im Stadtgebiet Würzburg zu erstellen.

„Damit das Konzept der urbanen grünen Infrastruktur Wirkung entfalten kann, muss es in die kommunale Planungspraxis integriert werden.“ (Hansen et al. 2016, 20) Zur Implementierung des UGI-Konzepts kann unter anderem die kommunale Landschaftsplanung (LP) genutzt werden. (ebd.) „Landschaftspläne eignen sich als umfassende Umweltinformationssysteme sowie als vorausschauende, steuernde Werkzeuge zur Anwendung der Planungsprinzipien der grünen Infrastruktur (...) und können diese für die kommunale Verwaltung verbindlich machen.“ (ebd.) Inhalte der LP können als Darstellungen oder Festsetzungen auch in Bauleitpläne aufgenommen werden. (vgl. § 11 Abs. 3 BNatSchG) „Belange des Umweltschutzes, einschließlich des Naturschutzes und der Landschaftspflege“ sind bei der Aufstellung der Bauleitpläne zu berücksichtigen (vgl. § 1 Abs. 6 Nr. 7 BauGB). Durch eine „frühzeitige Einbindung der Landschaftsplanung in die Erstellung der Bauleitplanung“ können „Zielkonflikte verhandelt und gelöst und das vorhandene Fachwissen integriert werden“ (Hansen et al. 2016, 21). „Damit Landschaftspläne auf die jeweils aktuellen Herausforderungen der Stadtentwicklung reagieren können, müssen sie regelmäßig fortgeschrieben werden, die gesamte Stadtfläche betrachten und anschlussfähig an die Flächennutzungsplanung sein.“ (ebd., 20) LP können informelle Fachpläne einbeziehen und über diese zur „strategischen Weiterentwicklung des städtischen Freiraumnetzes“ eingesetzt werden (ebd., 21).

Als gesamtstädtisches Planungskonzept für die UGI im Stadtgebiet Würzburg wird daher die Erstellung eines informellen Fachplans mit Empfehlungen für die Fortschreibung des 1984 genehmigten Landschaftsplans der Stadt Würzburg (LfU 2007) auf Basis des UGI-Konzepts und in Abstimmung mit der Stadt Würzburg empfohlen. Dieser informelle Fachplan könnte zum Beispiel zur strategischen Weiterentwicklung des städtischen Freiraumnetzes, zur Biotopvernetzung und zur Sicherung und Entwicklung von Frisch- und Kaltluftentstehungsgebieten und -korridoren beitragen. Zur Implementierung des UGI-Konzepts in die kommunale Planungspraxis sollte er als informeller Fachbeitrag zum LP auch anschlussfähig an den FNP der Stadt Würzburg sowie die verbindliche Bauleitplanung (Bebauungspläne) und die Grünordnungsplanung sein. Da es sich bei einem speziell auf dem UGI-Konzept aufbauenden gesamtstädtischen Planungsbeitrag um ein innovatives Vorgehen mit Modellcharakter handeln würde, würde es sich anbieten, die Erstellung eines solchen Fachplans auf wissenschaftlicher Basis durchzuführen. Die wissenschaftliche Begleitung könnte zur Qualitätssicherung beitragen und die Vermittlung zwischen den verschiedenen Fachbehörden und weiteren Akteuren erleichtern (vgl. Hansen et al., 28). Die Entwicklung des informellen UGI-Fachplans könnte im Rahmen einer Masterarbeit erfolgen, soweit seitens der Stadt Würzburg Interesse hierfür besteht.

# Literaturverzeichnis

BAYERISCHE VERMESSUNGSVERWALTUNG; BAYERISCHES LANDESAMT FÜR UMWELT (LFU) (2016): Geoportal Bayern, Bayern Atlas. http://geoportal.bayern.de/bayernatlas/index.html, letzter Zugriff am 15.08.16.

BAYERISCHE VERMESSUNGSVERWALTUNG; LANDESAMT FÜR DIGITALISIERUNG, BREITBAND UND VERMESSUNG (LDBV); BAYERISCHES LANDESAMT FÜR UMWELT (LFU) (2016): Geoportal Bayern, Bayern Atlas. Kartendienst Überschwemmungsgebiete und Hochwassergefahren – WMS. http://geoportal.bayern.de/bayernatlas/index.html, letzter Zugriff am 12.10.16.

BAYERISCHES LANDESAMT FÜR DENKMALPFLEGE (BLFD) (2016): Bayerischer Denkmal-Atlas/ Geoportal Bayern. http://geoportal.bayern.de/bayernatlas-klassik, letzter Zugriff am 15.10.16.

BAYERISCHES LANDESAMT FÜR STATISTIK (2016): Statistik kommunal 2015. Kreisfreie Stadt Würzburg. Eine Auswahl wichtiger statistischer Daten. München. http://www.statistik.bayern.de/statistikkommunal/09663.pdf, letzter Zugriff am 14.11.2016.

BAYERISCHES LANDESAMT FÜR UMWELT (LFU) (2016): Bayerisches Fachinformationssystem Naturschutz FIN-Web Online-Viewer, FIS-Natur Online (FIN-Web). http://fisnat.bayern.de/finweb, letzter Zugriff am 19.10.2016.

BAYERISCHES LANDESAMT FÜR UMWELT (LFU) (2016): Kartendienst Gewässerbewirtschaftung Bayern. http://www.lfu.bayern.de/wasser/wrrl/kartendienst/index.htm, letzter Zugriff am 17.08.16.

BAYERISCHES STAATSMINISTERIUM FÜR UMWELT UND GESUNDHEIT (STMUG) (2009): Bayerische Klima-Anpassungsstrategie (BayKLAS). München.

BAYERISCHES STAATSMINISTERIUM FÜR UMWELT UND GESUNDHEIT (STMUG) (2015): Klima-Report Bayern 2015 - Klimawandel, Auswirkungen, Anpassungs- und Forschungsaktivitäten. München.

BAYERISCHES STAATSMINISTERIUM FÜR UMWELT UND GESUNDHEIT (STMUV) (2009): Bayerische Klima-Anpassungsstrategie (BayKLAS). München.

BUNDESINSTITUT FÜR BAU-, STADT- UND RAUMFORSCHUNG (BBSR) (2016): Laufende Stadtbeobachtung – Raumabgrenzungen. http://www.bbsr.bund.de/BBSR/DE/Raumbeobachtung/Raumabgrenzungen/StadtGemeindetyp/StadtGemeindetyp_node.html, letzter Zugriff am 16.08.16.

BURGHARDT, R. ET AL./ BURGHARDT UND PARTNER INGENIEURE (2016): Klimaplanatlas der Stadt Würzburg. Stadtklimatische Analyse mit Planungsempfehlungen. Kassel.

DETTMAR, J.; PFOSER, N.; SIEBER, S. (TECHNISCHE UNIVERSITÄT DARMSTADT) (2016): Gutachten Fassadenbegrünung. Gutachten über quartiersorientierte Unterstützungsansätze von Fassadenbegrünungen für das Ministerium für Klimaschutz, Umwelt, Landwirtschaft, Natur- und Verbraucherschutz (MKUNLV) NRW. Vorschlag für Zweck, Umfang und Gebietskulisse einer finanziellen Förderung von quartiersorientierten Unterstützungsansätzen von Fassadenbegrünungen. TU Darmstadt, Fachbereich Architektur, Fachgebiet Entwerfen und Freiraumplanung. Darmstadt. http://www.umwelt.nrw.de/fileadmin/redaktion/PDFs/klima/gutachten_fassadenbegruenung.pdf, letzter Zugriff am 22.10.16.

DEUTSCHE BUNDESREGIERUNG (2008): Deutsche Anpassungsstrategie an den Klimawandel (DAS). Berlin. http://www.bmub.bund.de/fileadmin/bmuimport/files/pdfs/allgemein/application/pdf/das_gesamt_bf.pdf, letzter Zugriff am 09.09.16.

DEUTSCHE UNESCO-KOMMISSION (2016): Residenz Würzburg. Internetartikel. http://www.unesco.de/kultur/welterbe/welterbestaetten/welterbe-deutschland/wuerzburg.html, letzter Zugriff am 13.10.16.

EUROPÄISCHE KOMMISSION (KOM) (2016): Adaptation to climate change. Artikel. http://ec.europa.eu/clima/policies/adaptation/index_en.htm, zuletzt geändert am 17.08.16, letzter Zugriff am 09.09.16. Frei übersetzt aus dem Englischen.

EUROPÄISCHEN KOMMISSION (KOM) (2013): Mitteilung der Kommission an das Europäische Parlament, den Rat, den Europäischen Wirtschafts- und Sozialausschuss und den Ausschuss der Regionen: Grüne Infrastruktur (GI) — Aufwertung des europäischen Naturkapitals. (Strategie zur Förderung der Grünen Infrastruktur in Europa, GI-Strategie). Brüssel. http://eur-lex.europa.eu/resource.html?uri=cellar:d41348f2-01d5-4abe-b817-4c73e6f1b2df.0012.04/DOC_1&format=PDF, letzter Zugriff am 06.11.16.

HANSEN, R.; ROLF, W.; PAULEIT, S. (TECHNISCHE UNIVERSITÄT MÜNCHEN); BORN, D.; BARTZ, R.; KOWARIK, I. (TECHNISCHE UNIVERSITÄT BERLIN); KRÜGER, H.; LINDSCHULTE, K.; BECKER, C.W. (BGMR LANDSCHAFTSARCHITEKTEN GMBH) (2016): Urbane Grüne Infrastruktur. Hintergrund, Argumente und gute Beispiele für Kommunen. (Argumentationspapier). Unveröffentlichte Entwurfsfassung. Herausgabe der endgültigen Fassung vom Bundesamt für Naturschutz (BfN). Freising und Berlin.

JESSEL, B. UND TOBIAS, K. (2002): Ökologisch orientierte Planung. Eine Einführung in Theorien, Daten und Methoden. Stuttgart.

KARG, L.; WEDLER, M.; BLASCHKE, T.; PIELNIOK, D.; SAILER, M.; GIGLMAIER, S. (B.A.U.M. CONSULT GMBH); BRAUTSCH, M.; CONRAD, M. (INSTITUT FÜR ENERGIETECHNIK IFE GMBH AN DER HOCHSCHULE AMBERG-WEIDEN); WULFHORST, G.; MIRAMONTES, M. (TECHNISCHE UNIVERSITÄT MÜNCHEN, FACHGEBIET FÜR SIEDLUNGSSTRUKTUR UND VERKEHRSPLANUNG) (2012): Integriertes Klimaschutzkonzept für die Stadt Würzburg. (IKK). Im Auftrag der Stadt Würzburg. München. http://www.wuerzburg.de/media/www.wuerzburg.de/org/med_19983/415559_bericht_ikk_wuerzburg_130318.pdf, letzter Zugriff am 24.10.16.

LANDESAMT FÜR UMWELT BAYERN (LFU) (2007): Landschaftsplanverzeichnis. https://www.lfu.bayern.de/natur/landschaftsplanung/landschaftsplanverzeichnis/doc/lkr_wuerzburg.pdf, letzter Zugriff am 05.10.16.

LEWANZIK, D.; VOIGT, C. C.: Lichtverschmutzung und die Folgen für Fledermäuse. In: HELD, M.; HÖLKER, F.; JESSEL, B. (2013): Schutz der Nacht – Lichtverschmutzung, Biodiversität und Nachtlandschaft. Grundlagen, Folgen, Handlungsansätze, Beispiele guter Praxis. BfN-Skripten 336. Bonn - Bad Godesberg.

MADER, G. (2012): Freiraumplanung - Hausgärten, Grünanlagen, Stadtlandschaften. München.

MENKE, P. (STIFTUNG DIE GRÜNE STADT); THÖNNESSEN, M. (GEOGRAPHISCHES INSTITUT DER UNIVERSITÄT KÖLN); BECKRÖGE, W. (REGIONALVERBAND RUHR); BAUER, J. (STADT KÖLN, LEITER AK STADTBÄUME GALK); SCHWARZ, H. (BUND DEUTSCHER BAUMSCHULEN E.V.); GROß, W. (BUNDESVERBAND GARTEN-, LANDSCHAFTS- UND SPORTPLATZBAU E.V.); HIEMSTRA, J.A. (PRAKTIJKONDERZOEK PLANT EN OMGEVING); SCHOENMAKER-VAN DER BIJL, E. (BUREAU ECOLOGIE EN LANDBOUW WAGENINGEN); TONNEIJK, A.E.G. (TRIPLE E,

ECONOMY-ECOLOGY-EXPERIENCE) (2013): Bäume und Pflanzen lassen Städte atmen. Schwerpunkt Feinstaub. Düsseldorf. http://www.die-gruene-stadt.de/baeume-und-pflanzen-lassen-staedte-atmen.pdfx, letzter Zugriff am 07.11.16.

MIEG, H.A.; NÄF, M. (EIDGENÖSSISCHE TECHNISCHE HOCHSCHULE ZÜRICH) (2005): Experteninterviews in den Umwelt- und Planungswissenschaften. Eine Einführung und Anleitung. 2. Auflage. Institut für Mensch-Umwelt-Systeme, Eidgenössische Technische Hochschule Zürich. Zürich. http://www.metropolenforschung.de/download/Mieg et al._Experteninterviews.pdf, letzter Zugriff am 16.05.16.

RICHTER, G. (1981): Handbuch Stadtgrün - Landschaftsarchitektur im städtischen Freiraum. München.

SCHULTEN, M. L.; FLEISCHER, M. (SSR SCHULTEN STADT- UND RAUMENTWICKLUNG); SCHAUZ, T. (STARTIDEE RAUM.OBJEKT.PROZESS) (2012): Integriertes Städtebauliches Entwicklungs-konzept Innenstadt Würzburg - Endbericht. (ISEK Innenstadt). Im Auftrag der Stadt Würzburg, Baureferat, Fachbereich Stadtplanung, Fachabteilung Stadtentwicklung. Dortmund.

SCHULTEN, M. L.; FLEISCHER, M.; SCHMITT, J.; MAAß, B. (SSR SCHULTEN STADT- UND RAUMENTWICKLUNG) (2012): Integriertes Städtebauliches Entwicklungskonzept Gesamtstadt Würzburg - Endbericht. (ISEK Gesamtstadt). Im Auftrag der Stadt Würzburg, Baureferat, Fachbereich Stadtplanung, Fachabteilung Stadtentwicklung. Dortmund.

STADT WIEN (2016): Fassadenbegrünung - Gute Gründe für grüne Wände. Wiener Umweltschutzabteilung (Magistratsabteilung 22): https://www.wien.gv.at/umweltschutz/raum/gruene-waende.html, letzter Zugriff am 30.10.16.

STADT WÜRZBURG (2016): Standortfaktoren. http://www.wuerzburg.de/de/unternehmen/standortfaktoren/index.html, letzter Zugriff am 16.08.16.

STRATOPOULOS, L. (2016): Wie wirkt sich Trockenheitstoleranz auf das Potenzial unterschiedlicher Straßenbaumarten zur Regulierung des städtischen Mikroklimas aus? Abstract zur Promotionsarbeit. Unveröffentlichte Entwurfsfassung. München/ Freising.

TEEB DE – NATURKAPITAL DEUTSCHLAND (2014): Naturkapital und Klimapolitik - Synergien und Konflikte. Kurzbericht für Entscheidungsträger. Technische Universität Berlin, Helmholtz-Zentrum für Umweltforschung – UFZ. Leipzig. https://www.bfn.de/fileadmin/MDB/documents/themen/oekonomie/teeb_de_klimabericht_kurzfassung.pdf, letzter Zugriff am 29.04.16.

TEEB DE – NATURKAPITAL DEUTSCHLAND (2016): Ökosystemleistungen in der Stadt – Gesundheit schützen und Lebensqualität erhöhen. Herausgegeben von Ingo Kowarik, Robert Bartz und Miriam Brenck. Technische Universität Berlin, Helmholtz-Zentrum für Umweltforschung. Berlin, Leipzig.

WISSEL, S.; HERBST, T. (DEUTSCHE UMWELTHILFE E.V.) (2013): Städte und Gemeinden im Wandel. Welchen Platz hat die biologische Vielfalt? Herausgegeben vom Bündnis Kommunen für biologische Vielfalt e.V., Bundesamt für Naturschutz (BfN) und Deutsche Umwelthilfe e.V. (DUH). Radolfzell. http://www.duh.de/uploads/tx_duhdownloads/Brosch%C3%BCre.pdf, letzter Zugriff am 05.10.16.

ZEH, H. (2007): Ingenieurbiologie. Handbuch Bautypen. Herausgegeben von der Europäischen Föderation für Ingenieurbiologie (EFIB). Zürich.

ZWISCHENSTAATLICHER AUSSCHUSS FÜR KLIMAÄNDERUNGEN (WELTKLIMARAT)/ INTERGOVERNMENTAL PANEL ON CLIMATE CHANGE, IPCC) (2012): Glossary of terms. In: Managing the Risks of Extreme Events and Disasters to Advance Climate Change Adaptation. A Special Report of Working Groups I and II of the Intergovernmental Panel on Climate Change (IPCC). Cambridge (Großbrittanien), New York (USA). https://www.ipcc.ch/pdf/special-reports/srex/SREX-Annex_Glossary.pdf, letzter Zugriff am 30.09.16. Frei übersetzt aus dem Englischen.

ZWISCHENSTAATLICHER AUSSCHUSS FÜR KLIMAÄNDERUNGEN (WELTKLIMARAT)/ INTERGOVERNMENTAL PANEL ON CLIMATE CHANGE, IPCC) (2007): Klimaänderung 2007. Zusammenfassungen für politische Entscheidungsträger. Vierter Sachstandsbericht des IPCC (AR4). deutsche Übersetzung. Bern/ Wien/ Berlin.

**Rechtsquellen:**

BAUGESETZBUCH (BAUGB) vom 23. September 2004 (BGBl. I S. 2414), das durch Artikel 6 des Gesetzes vom 20. Oktober 2015 (BGBl. I S. 1722) geändert worden ist. Gesetzesstand zum 15.11.16. http://www.gesetze-im-internet.de/bundesrecht/bbaug/gesamt.pdf, letzter Zugriff am 15.11.16.

BUNDESNATURSCHUTZGESETZ (BNATSCHG) vom 29. Juli 2009 (BGBl. I S. 2542), das durch Artikel 19 des Gesetzes vom 13. Oktober 2016 (BGBl. I S. 2258) geändert worden ist. Gesetzesstand zum 21.10.2016. https://www.gesetze-im-internet.de/bundesrecht/ bnatschg_2009/gesamt.pdf (Internetseite des Bundesministeriums der Justiz und für Verbraucherschutz und von juris GmbH), letzter Zugriff am 21.10.16.

HONORARORDNUNG FÜR ARCHITEKTEN UND INGENIEURE (HOAI) vom 10. Juli 2013 (BGBl. I S. 2276). http://www.gesetze-im-internet.de/hoai_2013/ (Internetseite des Bundesministeriums der Justiz und für Verbraucherschutz und von juris GmbH), letzter Zugriff am 01.08.16.

# BEI GRIN MACHT SICH IHR WISSEN BEZAHLT

- Wir veröffentlichen Ihre Hausarbeit, Bachelor- und Masterarbeit

- Ihr eigenes eBook und Buch - weltweit in allen wichtigen Shops

- Verdienen Sie an jedem Verkauf

Jetzt bei www.GRIN.com hochladen und kostenlos publizieren